Thank you

For supporting

MEG ROSE BOOKS

AUTHOR & PUBLISHER

Have a smart phone? scan this code to visit the shop!

Every book helps raise money for local animal shelters and the Multiple Sclerosis Society of Canada

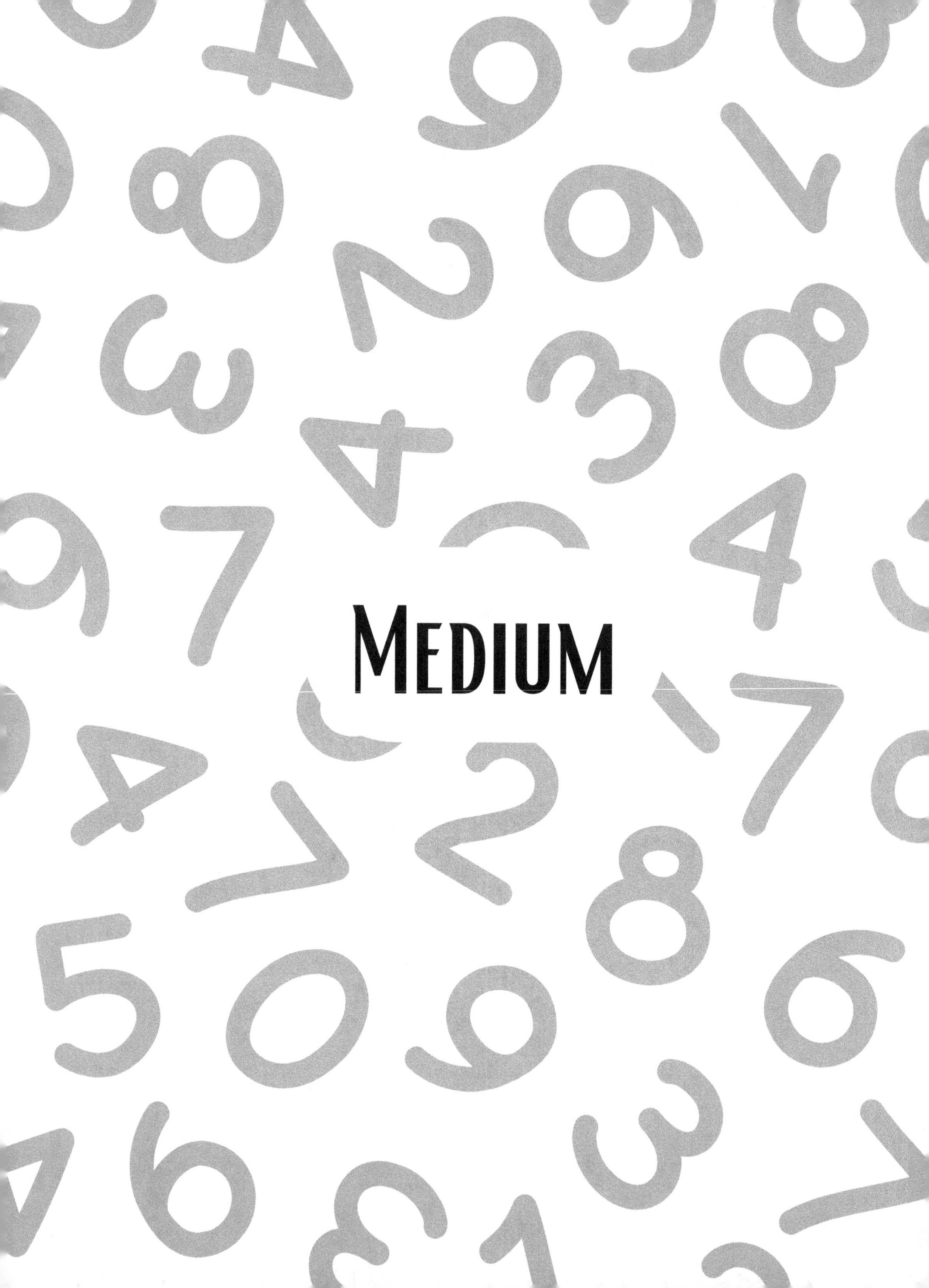

MEDIUM

Sudoku 1

		2	5	7			1	
	8		6			5		
		7	2	3		6		1
3		4						
9		1		5				2
4		8		2				
				6		9		
				8		3	7	

Sudoku 2

	4					7	9	
1				4	9			
2			6					
	7		9	1				
3	6		4					
	8		3		5		6	
	5	3				6		
6	2			9	3	5	4	
							7	

Sudoku 3

	5	4					9	
								3
6				1				
3					4		1	2
			5			7		
1				2	9		8	
				4	8	6	2	7
		7	6					
	8				5	9		

Sudoku 4

		4					3	9
						2		
7	5		3					8
1				2	8			
			7	4	1		9	2
6							4	
			1		3			
		8			9	5	2	
						9		

Sudoku 5

					8	3		2
1			5		6		7	
					9		8	
	7	3						
	9					2		3
2					1		6	
	3		8		2			9
	1			5				
		6			4	1		

Sudoku 6

9					1		5	8
1				7	9		6	
	3	8		4				
3			5			1		
	2		3					9
						8		
6	8		9					
4					3	6	9	
	7			6				

Sudoku 7

		4				1	3	
9			3	8		6		
			2				5	
				7	6			9
			5			8		
7							4	
		3			5			
	8			2		7		
		6			4		9	

Sudoku 8

	8	3						9
			5			8	1	
				1	4			6
3		1			5			7
8						4		
	7			9				3
6								4
		8				7		
2	4				6	9		

Sudoku 9

	8	7					5	9
				2			3	
	1		5		8			7
			4				9	
	2	5	8				1	
4			1	3				
	3		9			4		
					4	8	6	3
		4						

Sudoku 10

6	8				4	5	7	
2				1	5			
				6				9
	4		3		9	1	8	
		9	1			3		
							2	7
1				4	8			
	6	4						

Sudoku 11

	5	2		3	6			
							7	
1						9		
		3			1	2		
5				8				
							8	
	8			2	3		9	7
	3			6			1	5
			1		9			2

Sudoku 12

9					7	8		
	6	2	4					
		8	1	9		3		4
8							4	
	9							1
				5		2		
	2	7				5		
		3						
4				3			6	8

Sudoku 13

2				1	8			
1								5
			4	7	2			
	8		7		1	3		
	2			4				7
		9			3	1	8	
		8	2			6		
						2	4	
	5		3					9

Sudoku 14

	7					6		
6	3					8	4	
		9			2		5	
	4		2					7
1			9					
		6	8					4
3							7	6
			7	3			1	
4						3	2	

Sudoku 15

8				1	3			
4	2		9		7			
						8		
	5							
					9			5
				5	2	7		4
	8	1			6		3	2
		3	5			9		
5		9						6

Sudoku 16

					4		6	
		5		9	2	1		
	6			3				2
8	5	7			9			
				1	5			8
2		9		8			4	
5			4					
9			1					5
	2					6		

Sudoku 17

			1				9	
			4		9	7		
				2	3			
					8	3		7
3			6	5		1	4	8
8			9	4		2		6
	3			8		4		
	1	2					7	

Sudoku 18

		2					8	
	9				8			
5						3	4	6
				2			7	
	1	7		9				
			1	3		8		
					2	4		3
1	6		3	8	4	9		

Sudoku 19

3				8	6	1		
				7			4	6
2								5
5			7					
		4		6		5		
					3	2	6	9
	7	1	9		2			8
4				5				

Sudoku 20

4					9	5		
1			4				3	
						9	5	3
9	8				5	4	1	
					1		7	
5	6	4						2
					2			
8		3		5	6	1		9

Sudoku 21

5		1				2	6	
	2	6		1		5		8
	7	3					1	
		2		3				
4	5							
				9	2			
		5					4	7
			3	7	5	9	2	6
					1			

Sudoku 22

9		7			5			
6				2		9	5	
	1							
				8			9	
	5					2	6	
		4	6					
		9		3	7		2	
			5		4	8		
8			2	9		5	4	3

Sudoku 23

4	9	2			3			
1						9		
		6	1					7
				5			9	
	4					3		
			3		4			1
7	6		4					
			8	9			1	
						2	6	9

Sudoku 24

		1					3	
	2			7		1		
					6	4	5	
	1	2	9			3		
			1				8	
	7							
2						6		5
	6			4	3		7	
5					2			

Sudoku 25

7						1	3	
		8	1	3			9	
2					7		8	
	3	2			8			
		1						
5				4	1	9		
				8		4	6	
	5	9			2	3		
								5

Sudoku 26

	4							
7		3	8	6				1
6		5			3	9	7	
	5	6	7	4	2			8
	3					5		
4		1						
3				9		8	6	
	1				8		9	

Sudoku 27

4	8				9			6
			6			3		2
9			1					5
							4	
	7			5		1		
8				3	7	6		
7				4				
	2							4
	1	4			8			3

Sudoku 28

	7	1		8		9		
	4						8	
			5				1	
		3	1	6				
	1		8		9			2
9		8		2				
8		4				2		
							6	5
		2			7			9

Sudoku 29

9	6			3	7	5	8	
		3					6	
	8							
	9		6	4		7		
6		8	5					1
4			9					
			4	2			7	
	7			9		6		4
					6		1	

Sudoku 30

2	1			6				9
		6	3	5				
4		5						6
				1				
9	3	4	8					
			5		9			
			1					
5	7	8	9	4		1		
		9	7		5		4	

Sudoku 31

		2	8					
			7		4	9		
	5							
		8			9			
1	2		5			6		8
			2			5		
	4	5						3
	8		3	4				5
			1	7				6

Sudoku 32

6				7	8			
						7		4
		3		6		1		2
5			1		3			8
8		6					9	
			8		6		5	
4						9		
2			7					
	9					3		7

Sudoku 33

			1	4			5	8
2								
	5		8				1	
	6							
3	2						4	1
4					9	7		2
		8		9	3			5
	4	6		1				9
				8				

Sudoku 34

7			6			9		
				9		1		4
	3	4			2			
3	6				5			
			2					
1							4	
				4	8		5	7
2		8	3				9	
	7		9					3

Sudoku 35

				9				7
	7					5	3	1
3				4				
2		4		5			8	
5						3	1	
			8			9		
9			4		7	8		3
8		2						
	4					6		

Sudoku 36

			2	8				
				9				7
		1	5					
5						7	4	
8		9		1			5	
1			3	6				9
6	3				8	4		
	9					8		
		8		4			3	

Sudoku 37

	7	3					2	1
							4	
		1	2					
5		4		2				3
				9				
9	8	2	5	3		1	7	
		8	7			4		2
	2		1	4			5	
	3							

Sudoku 38

		8		7	1			
6					2			
	7	2		8		4		
	1			9	4			5
	9						7	
5						9	3	
						8		
2					3		4	
				1		5		7

Sudoku 39

	9		2	4			7	8
					3			
	5	1	7			2		
		4						2
	7		6				3	
			3					1
	2			8	7			6
8			9					
1						8		4

Sudoku 40

1		7		4				
8	3		2			1		
					5			
4	8				6			
				9				8
	9	6					2	3
				5		2		
	7			8	2		6	
		4				5		

Sudoku 41

				6	5			
3			7				4	
7	5					6		
	9		8					1
				4				6
4		3				9		7
	1	7			3		5	
			6		2			
		2	1					3

Sudoku 42

9		3						
				8	5		9	
7	2		9					
3			7					1
					4	9	6	
4	5		6	3		8		
					7	5	1	
					3			6
1		7			8			

Sudoku 43

					6	5		
	3							7
					8	9		
	4	8					5	
1		7	5	3	2			9
2			4		3	1		
		5		2	1		8	
9	1							2

Sudoku 44

8			6		7			
		7		2				
	4	2	5			3		
	9				4	1		
4			9		3			
		3		1	6			9
							3	7
	2			6			5	
	5							8

Sudoku 45

4				2		3		
			6			9		
	3	2				7		
		4	3		8	1		
				6	4		5	
7	8			1			2	
8		3			1		7	
6	4		7				8	
		7	8					

Sudoku 46

	1	8						
3						2		1
					9		7	
						5		6
				8			3	
	4	3			1	7		
9					8		6	5
	2		5	1				7
		1	6			8		4

Sudoku 47

3	4			1		6		
2						3		
		6			8			7
						5	3	
		2		8				
9								4
7	9				6			
			5		1			
	8		2		3	7	5	

Sudoku 48

7	1	5	2			9		
					7		2	8
					6			
1		8					5	
6	4		5	1		7		
	5	7			9		1	
3								
		1				5		4
			4	6				

Sudoku 49

			3				7	
	7			4		5		8
7		1	5		2			9
2						3		
	9	4		3				7
							8	2
4	2				1			
1			2		8	6		

Sudoku 50

			8	7				3
7							2	
		3			1			
6		1		9	7			
		8					9	6
	9				3			7
		7	4			2		
1						3		5
5			3		6	7		

Sudoku 51

3		2				9		
			7			4		
	7		3		5		2	
		8						
2	3	9						4
	4		6					
	9	6				8		3
			8	9		7	6	1
				5				

Sudoku 52

						3	5	
	4							
	9	7				2		6
	3			4	5	8		1
8					2		7	
	6			8				
			3					
	2	6				7		9
		1	8	6		4		

Sudoku 53

7								5
		4					6	
	2	3		5		9	1	4
		7		6				
	8		3		2			9
	1				9			
	3			7	5	4		
1					6	5		2
		8	1					

Sudoku 54

8					6			
2	5		7	4	9	1		
		4					7	
			8				4	
				9	1			
4		1			5			
		5					3	6
7						5		8
	8		2			9		

Sudoku 55

9								1
	2	5				9		6
			2			7		
	6		5		2			
		2		8	4		7	
			3			5		
6	8							5
		4						
2	3			7			8	

Sudoku 56

	2				8		6	
4		5		2	1		7	
1							4	
5		9				6		8
							2	
	6			1		7		
		4			2			
2								
3			1	4	6		8	

Sudoku 57

	4	8		9	3			
3							7	
	2			6		3		8
1		2						3
9	6	5			4		8	
								5
				8			5	
	9	6						
8				1		6		2

Sudoku 58

4		5						
1					6		2	
3				7		8		
	7		8		2		5	
	2		3					
				9			3	2
					4			
			2		8		1	9
	4					2		5

Sudoku 59

1		8						4
		5						
	4		7		5	3		
			8		7			
6	9			4			5	
8			6				3	
	6					4		
3		1			4		7	
4					2	1		

Sudoku 60

	5	4	3				2	
1	6		7					4
				4		1		
2							8	
		3			1			
					8	7		5
						6	1	
			1		4	5		
		6	9	5	2			3

Sudoku 61

		6			7		2	
			2	3		9		
					8	4		
				8	6			
4				2				
	3		4	1				
9		2	6	4		3		
5								1
		8					7	

Sudoku 62

			9					2
		7				3		
			1	4		6	9	
9							2	
				5	8			
3			6					5
	5	2	7	9				8
		1				5		
					6			3

Sudoku 63

9	7		5					
4			8				2	5
2		3			7			
		6	2		8			
					6		1	
			9					3
				5				
1	4		3			2		
3				6		8		7

Sudoku 64

4	6		1					
8	9			5	4		2	
3					8		1	
7	3	6				2	4	
					9		5	
				8				
		8		7		4		
		4	9		3	7		

Sudoku 65

			6				4	
		7	4		9			
					5	1		
							8	
9	6		5		3			4
8				7			9	
7		2				9		
		9				5		2
3		5	2				1	

Sudoku 66

1								4
			1	5	8			
			6			7	9	
5			8					
				2	7	9		5
				9			6	
2		4				6	7	
8	3						1	
				3	1		2	

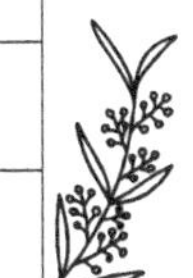

Sudoku 67

6	4							
	3		2	7		1		
		2				3		
9					1	2		
1		4	5				9	
	2	5						
8			7	5				4
		6					1	
	9		6		2	8		

Sudoku 68

6								4
		2						
	9			8				
9	3				4	1		8
	7				6		2	3
		1	3			4		
							1	
	1		5			9		
7	4	6		3	1		5	

Sudoku 69

					1			7
	4			7	3			8
	3			5	8		6	
						2		6
3	2	4						
6	7					4		1
						9		
9				1	5			
2					9	8	1	

Sudoku 70

				7	9		6	
						8	3	9
			1	5				
1		7	2	4		6		8
			6		8			
	9	8				2		
		1		6				7
3	4						1	6
					4			

Sudoku 71

		4			5	9	3	6
	3				7	2	5	
			2				8	
5	9	7					2	
4								5
					2			3
3	1	6	7					
		2		6	9	1		

Sudoku 72

	2		3		5		6	
		1	7	6				
6			1				9	7
	1							
3		5		7		1	2	
8		9		5				
	8							
9					8	3		
	4	3					8	

Sudoku 73

			6	8				
3						7		
					5	1		
		6	5		7			
1							6	
	3	8			1		4	
2		3	4					
	1		9					
7		4					2	9

Sudoku 74

5		8			1		9	
			8				2	
		6		2	7	3		5
			6	7				3
		9		8		6	1	
		2			4			9
4					2			
7			1					
				9	3			

Sudoku 75

	9				6			
	3	5				9		
				4		5		8
		6				3		9
3	5	4						7
		8						2
2	7				5	8	6	
6			9			1		

Sudoku 76

			5	9	4			
	3				1		5	
		1		7			8	
9			6			7		1
2	7					9		
					9			8
3	2	8			5		1	
			1	6				
		4			7			

Sudoku 77

5		4		9				
					2	4		
		3			6			7
3							8	
4			1		9		7	
					8			9
					3	8	1	
6					4	5		2
	2		5					

Sudoku 78

			9			1		
			8				7	6
							9	
3			1	7		9		
	1			2		6	5	3
8					6	4	1	
6	8				3	5		
2				4	9		3	
		3						

Sudoku 79

					1			3
1	3			9	5	4		
		9			4	2	1	8
5		7		4			8	
	2						6	
	6					3		
3	8	2				7		5
	1							
		5			9			

Sudoku 80

				8	7		1	
		4		1				7
	5				4			3
					9			
8				5				
		9	1	3				
		6		9		8	7	
	9	1	5				4	
			6		3	9		

Sudoku 81

	4				6			
							6	
6	3			4	8			2
		6			9		4	3
	2			3				
	7					2	9	
8	9	4			7			
				2	1			
						8	5	

Sudoku 82

8		7		6			9	3
3		6			4			
								6
1	5	3			9			
		2	4		6		3	
		8	6				2	
		5	9			6	8	
6			8	1		4		

Sudoku 83

	8		2	1	4			7
		3			6			
	1		8	9		6		
					9	1		
3	9	1	5					6
	6			2	1		9	
		8		7	2			
6		4						
	7						2	

Sudoku 84

	2	5		6				
6					9			
	9		3	1				2
		1					7	
				7		8		
	4		9	8		1		3
4	3							
	5		7			3		
	7	9	4		3	5		

Sudoku 85

4				3			9	1
					4			
		3			7		6	
	5							
3	1		5		2	4		
			4			6		
9	3				8			
5					3	2		8
1				4				

Sudoku 86

	3				6		5	
1		4	3				6	
		6				1		
			2	9	5	8		
	9							
6					7			2
8			9			7		1
2		1					8	9
9							4	

Sudoku 87

6	3				8		7	
		4	2					6
					3		8	
	4					1	6	
		3				4		
	1			9				8
	6		4					
				6		5		
	8	9	3		5			1

Sudoku 88

						5	7	
8	6	1						9
7		9			4			2
			4			9		
	7							
		5	1	2		6		
5			6			4		
		6		3	7			
			2		5	7	3	

Sudoku 89

		7	3		9		6	
		1		8	4		9	7
	9	2				4		
5								
			2		8			3
		4		6				9
	4							
	1			9	6		5	
		6			2		7	

Sudoku 90

					8	4		1
1		5						6
	4		5			7		
	1				7		3	
	7	8				1		
4								5
						3		
	5	1		2		6		9
2		9					1	7

Sudoku 91

8	3						2	
				2			9	6
1				6			5	
4					9			
7							6	
		8	3	5		9		
	8			3	5			9
							7	2
9	4							1

Sudoku 92

	8	3		7		6		
						2	1	7
	2				5			4
		5			8			9
7		6			4			
		9	2				4	
5					6			1
						7		
			7		3			

Sudoku 93

1			5			3		2
				4			8	
	3		2		7			
5					4	9		
3	8					6	2	
	6		7	8		5		
6							4	
	4		8		9			3
		8						

Sudoku 94

	4	9				3		
3			5			1		7
	5						4	
	9	5						
		6			3			
			8			6	5	2
		2						
				7				3
7			2	9	5			

Sudoku 95

	7							
			1			9		
5		6				8	4	
				8	3			
		5	9	6				4
8						7	9	
							6	
2					8	4		
		4	6		9		7	1

Sudoku 96

					8			
3			6		7	2	4	
			1		4			7
	1	8			6		5	
							2	9
	3			2				8
					2			5
4			8			9		6
1		7						

Sudoku 97

	5					4		2
1		9	4	8	7		5	
						1	9	
			2	9		6		
	6							1
2		8	6			9	3	5
	8	2	5		6			
6				2	1			

Sudoku 98

		2		4	6			
					2			8
	7	5				4		
	8		7			3		9
	5	4			9	2		
							5	
5		6	3				8	2
9		8				1		
			4				3	

Sudoku 99

	7					4		
	4		1		7			
6		1						7
					1			
9			4				3	
2	1				8		9	4
				3		2		9
		2	8					
8		4			2			5

Sudoku 100

		5		4		6	2	3
				9		5		
6			7				9	
		1			2			
							5	
	3			7	9	2		
2						4		
				1	7			
4	9	7		2	5			

Sudoku 101

4	2	8						
3				8				
	7				5	3		
6			3	4		5		
			5	1	6		9	
	3					1		
					4	9		5
	4		2					1
	9						3	7

Sudoku 102

				4		7		
3					7			8
					2		3	
				5				9
	8	3		1			6	
	4		7					
					9			2
7	3			2	1	4		
					6	9	1	

Sudoku 103

		6						2
				3		1	6	
		5				4	3	
	7		9	6				5
		9		5				7
1			7					
		4	2			7		
				8	6			
3			1			2		

Sudoku 104

5			1	6				7
3	1		4				5	
								8
1	2						6	
				3			8	
			5					
				9	2			
9		1	6			7		
6	5		3	1				

Sudoku 105

9		6						
		8				6	1	
		7		9		5	3	
4			9	5	8			
			4					5
				7				
			8					
6			5			2	9	4
		1			2			7

Sudoku 106

				9	2			
3					1	5	4	
	4							7
8	3				9	7	2	
	2	7	1					
6								8
5		2			7			4
7			5	8				
						3		5

Sudoku 107

		8	6	4	3	9		5
3					1			
	5			9				
				2	4		8	
	2			7				
	9	7		6	5	3	2	
			9				6	
		4			2			
				1				3

Sudoku 108

			1					
			2		3		8	5
3			9	6				
				2	7			
	3				6			1
6			4				2	8
8	9	6	3				1	
	5							
2				1			9	

Sudoku 109

8					2		3	4
								2
		3		7	9		6	
	8			1				
			3	9				
3		4		8			7	
	7					1	8	
			5					
6	1			3			2	

Sudoku 110

	5					1	7	
3		2	5		9			4
4	6		2					3
			6	8	2			
				3				
2	4				5			
			9			7	2	
					4		3	6
6		3			1	9	4	

Sudoku 111

			6				5	7
9		1		8				
			1	2				
			2					
8		2					3	
	6						9	5
	4	6	7	5		3		
						5		1
			3	4	1			8

Sudoku 112

						3		
	5		1			6	8	4
3	9							1
				4				9
9			2					8
		3		8			6	
		5	8		2			
6				3	5	8	4	
	2	8						

Sudoku 113

				2		7	8	
		7	6		8	5		
	5			4	6			
		2	5					7
9				8	3	6		
		1				8	6	
4		5			1			9
	3	8					1	5

Sudoku 114

6		2		8		3	1	
	5			3	1			
	4		6				9	
1	2	9			3			
			5					4
		5		6	7		3	
2	1	6						
							4	
					8			5

Sudoku 115

	9				6			
	8		4					
				9	2		4	3
		6		7		9		
	7			5		1	3	
			3					
3	5			6	7		1	
	2			3	8			6
		7						8

Sudoku 116

		1				8	9	
	8							2
		4		3				1
			9					
	5	9			7	4	2	3
3		8				9	7	6
				2	5			8
		3		1				
				9			6	

Sudoku 117

3		5		9			4	
	4		2	3				
				4			9	
	3	2			8	1		9
	9							6
4					3	2		
9							1	
	6						2	
	7			1	6			3

Sudoku 118

	4							3
		6					5	
	8	9	7	6				
4					5	9	7	
				9		3	2	6
9							1	
		7			4			5
			9					
3			6			4	8	7

Sudoku 119

8			6			3		7
9						6	8	
5			2					
								3
				4	7	9		
7				5		4		
			7				3	
	1			2		5		
	3	8	1					

Sudoku 120

		7	8	9			3	
				1			9	
			3				4	8
			4		9			
				3		7		9
2			7		6	4		
	5	8	6					
1		2			5		8	
				4			5	

Sudoku 121

		8					6	
	9			6				5
2			8		4			7
	4	9				5		
				2	3	8	1	4
				1				
6						2	9	
		4						
	8	1	3					

Sudoku 122

9		1			5			
							5	
		6					8	7
1		4		3				2
	3		1		7			8
			8	6				
					3	2		
	1	2					6	
			9				4	

Sudoku 123

							3	
7					9	5		
8		2						
5			7			1	4	
			9			2		
	8	1	3				7	
	4	7		5			2	
	3			4				5
		5					1	

Sudoku 124

	7	8		9				
						7		1
	5		1				3	
		6	3				2	
				6				
2		1	5			3	9	
3		9		4				8
			6					5
7				8	1			

Sudoku 125

3	6	4				9		
			4			3		
				1		5	9	2
8			2		9			
4					7			
9	2							1
	3			2	8		7	
		8	5	9			2	

Sudoku 126

	2		9	6				1
1		7					5	
								9
	7			2	5	1		
		1	7	9		3		2
7				1			3	5
6				4			1	
9			8					7

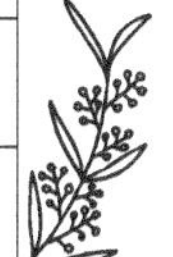

Sudoku 127

					4			1
1	6						7	9
	8	7		6			5	
7					2			5
						8		2
							6	
	9		6					
	2	3		1	8			
6			4			9	1	

Sudoku 128

1								
5							7	9
3			8		2	4		
			2				1	
4			1		9	5		
	1		5		4	8	9	
9		7		4		6		
						7		3
		8					4	

Sudoku 129

4							1	
2			8		3			5
			2	9				
		9		2	6		7	
	6				9		5	
		7	5			2		
		4			7			6
6	8						3	
	5		4					

Sudoku 130

						2	9	
	9	3	1	7				
			8				6	
4				5			3	
	5			4		6		
		8				5		
1					7			6
2		7					4	
3			4	2	1			5

Sudoku 131

6	4	8	7			2	9	
						6		
					2		5	
9			3	7				5
						9		
	3			1	9	7	4	
		5						
	1			3	7			2
			4	9	6			1

Sudoku 132

				2	9			5
				8		4		
			7		6			2
	3				4	2	5	
	6	8		9			1	
	5							9
1			5			8		
			8	1			4	
	4				2			

Sudoku 133

6	4			7				5
9		5			6	2	7	1
	2			5		3		
						1	5	
	9				4			
	7				3	4	2	
			4	9				
	6		7				3	

Sudoku 134

6								
	7		8		5		6	
	4		9		6		3	
						9		
	5		3			4	2	
		1	2					7
2			5			3		1
5								
		9			1	8		

Sudoku 135

	1			6			3	
	9	5			8		2	
						7		
		1	7					
9	4						5	
	8	2		9	5			7
					2	5		
		4	9	8		2	7	3
		6			7	8		

Sudoku 136

					2	9	1	
	3	4				5		
6						4		
			2					
8								
1	5	6		7			9	
			9			1		
5				1	3	7		
		1	4				5	6

Sudoku 137

			5	9		8	6	3
				7		9		
		9		3				4
5								
							8	
3	9		8			1		6
7		1				4	3	
		2				5		1
8				5	1	6		

Sudoku 138

4				8				2
3			1			9	4	6
				9				
		3						1
5		9	2					3
		1		4			9	
7		2			6			
						3		
	3		5		1			7

Sudoku 139

		2		5	3		4	
3						2	7	1
	1	4		2			3	
9		5				8		
	6				9			
				6		1		4
					1			
6		8	4		2	3	1	
							2	

Sudoku 140

2								
4		6			9			5
			7			6	3	1
9					7	8		
5					2	3		7
			4	5				
6	5				8	7		
				4			1	
1					6			8

Sudoku 141

		3				1		
						6		
			7		2	4		
5		7	1	8				2
	9			3	5			
			2			5	1	
		1		9				8
		9			3	7		
2	6	8				9		

Sudoku 142

5				9		2		
		9	3		1	4		
	2	8		7				
	1	3	2			8		
9		2		3	7			6
	9	6		8				
	8							
			1		4			3

Sudoku 143

6			9					
2		3	5		6			8
		1		3	7	5		
		8	7					
		5						
	4	7			3	9		
5	3				8	4		1
4		9			5	6		

Sudoku 144

	3	9						6
		1	7	3		5		2
		7	5				4	
		8		6				
	2					1		
		4	3					7
	9		2	4			1	
7			9					
	4	2			3			9

Sudoku 145

8		9		5		1		3
	5			6				
			3		9			
		6					5	
					5		1	
5	2			3	6		4	
			8		2	4		
7			5			2		1
	8						3	7

Sudoku 146

9								6
7				1		3	4	
6	2			4				
			3		6	5		
2		6				8	7	3
	5		8			1		
3				2				5
	7	2			5			

Sudoku 147

5	8			9				
				2	1			9
								1
		3	2			9		
6	1						5	2
9					4			
3		9	8					7
		7		1	2		4	
					7	2		

Sudoku 148

	7			8				
	9	3	4		5			
				9		1		
	2	9	5			3		6
			2					8
					4	7		
7		6		1			3	
8		4			9			2

Sudoku 149

		7	4	9				2
5		2	1		3			
	8	3		2				
							1	8
	2							
		9	8		7			
			9	3		7		
	1	4		6				
			2		4	3		

Sudoku 150

4			6		8	7		
	7						3	
8	9					6		
	6	4		8	3			
			7	4		8		
9				2				
	5			7		3		
							9	
		1		5	4		8	7

Sudoku 151

		4	9	3			1	6
	5	8	2	1		9		
	1				7			
	4		7	9				
			8					
8					2			
4	9			2	6			8
	7		5				9	
						6		1

Sudoku 152

						5	4	
	6		3	2				
				7	4			9
			8			7	3	
		9	7				6	5
			4		5			
						3		
	8	1	2			9		
2	3			4	1			

Sudoku 153

				6	3			5
	3	7					4	
		1				7		
4	7				9		5	
				7	6			
9		5	1			8	2	
	1						9	8
		4						
8				9	1			2

Sudoku 154

				2	5			7
		5		6				
7			8		4		9	
	4		6			7		
	7			8		6	3	9
6					7			1
	8			9	1		2	
	2							
						8		

Sudoku 155

			1			5		
7	1	3				6		
							8	
		9			5	7	3	
		1	9	3				
				4			5	
2	4		6	9				
6						4		7
			2					8

Sudoku 156

	2		9			5		
						8		
7		8		4				
		7			3			1
1						2		
			5		1		3	9
3	6			1	8		7	
			7		4	9		8

Sudoku 157

6				1	5	8		
4				3	2	7		1
				6			1	
7	8		9					
	2	9		4				
	5	8	1					7
		7			9	5		
								2

Sudoku 158

6	9	5		4				
	8							
			8	3	9			5
	7		3	8	4	2		
3				2				
						4		
		2				6	3	4
1				5	2		8	

Sudoku 159

1	7					5		
				5	8			
5	3		1	9	6		2	
		5	4					
		2			7			3
	8		6					
						1		
					9		7	
7			3		1		6	8

Sudoku 160

			6			8	2	
		9						6
4	8	6				7		5
1					4			
	7	8	2				5	
	3		9	2				
6			7	3		2		
		7	1		6			8

Sudoku 161

				7	2			
	9							2
	6		3					4
	7		5	8	6		3	
3								8
9			1			4	6	
	3			1			8	
8		5				7		
	2		7			3		

Sudoku 162

							2	
7	8		3				4	
	1		4					9
6				5				3
5	7		1			2		
			8	2		6		
		3			9			
		1		3				
4		7		1		5	3	

Sudoku 163

		8		3				
5	1			4				
			1			3		2
1				5			9	
			8					3
		7	3	1				
						4	6	8
	8	9	6			1		
	2				4			

Sudoku 164

								3
	4		6	5	9		2	1
9				8			7	
					4		9	
8			3			7	4	
		5		2				
	6		7					
		1		6		2		
				3	2			

Sudoku 165

				8		7		
	8			9	5			
	9					6	2	
			6	4			3	
6			5	3	9		7	
	2							
	7					9		4
1		5		6		3		

Sudoku 166

3			8		6		5	
	2	4		1				
		8			2	1	9	
1		2	9		8			
8		3					2	1
					3	9		
	8		2					6
			4		1	7		
						8		

Sudoku 167

1				5				
2		5			3		4	
9	4			2	6			
	1				8		3	
						9	5	
		3		6			8	4
3			9					
	9				1			
	8	1		4		5		

Sudoku 168

		5		2		3		
				6	5			
		6					2	
	3		7					
4							7	8
	2			8	9	6		
8		4				5		
					6	9	1	
3	6					8		

Sudoku 169

						8		1
	9		6			2		5
			7				3	
				4	5			
7		9						
4		2	1				5	
	2	1	9	6				
					7			
	8					9	4	6

Sudoku 170

	9						4	
1		5				6		
				5	3		7	1
	7				6	3	5	
	3		8	9				4
8	4							5
							9	
			9		8	7		

Sudoku 171

					2			
	4	6				7		
		8	5	9				
				8				
			3	4	1	2		
						8	1	
1		5	6		9			2
		9						7
	8		4			5		1

Sudoku 172

	1			4	8			
			5	1		8		2
8								6
		9						4
2		1		8	4			9
			9				3	
		8		7				
				5	3		4	
	6			9		7	8	

Sudoku 173

8							9	
	9	7				3	2	4
4							6	
					5			
2	3	5				6	1	
1		9		2			8	5
			9	8				
3			5		2			
	8			6	3			

Sudoku 174

		5	6					
6					8			
	4	2			1			7
	7		4		9			1
4		1	7			2	3	6
					6	9		
		4	9					5
	5							
	3						4	

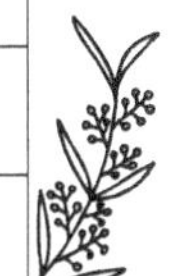

Sudoku 175

				4				
	7	2			1			6
					9			2
			4			8	7	
		5	9	3	8			
		9					6	
			6			3		
	4	8	5					
1		3			7	6	2	

Sudoku 176

	1	6	7	3		9		
5	3					8		
		2			1	3		
6								3
	8		3		6	4		5
	5							
			1	7				
		7			9			6
2		8				7		

Sudoku 177

2	1						6	4
4				8				
	3							5
			3		6			
				9	7			
	6		4	5	8			1
7	2					6	5	9
5							7	
		9			3		1	

Sudoku 178

8	1			4				2
2		4	5		1	3		7
	7						4	
1	5	7					3	
						7	6	9
					2			
		9				8		
					3		5	
			1	9				

Sudoku 179

9			3			4		
				1				
		7			9	1	5	6
	3						8	9
		6	2	9		7		3
				4		6		
	5							
			8				6	
2	6			3			9	7

Sudoku 180

				6	9			
		4					2	
5						1		
1	3		2			7		9
		8				3	4	
							8	
8		6	4		7	2	5	
		9		5				
	5			3			7	

Sudoku 181

		5				7		1
							2	4
4	7			2		5		
					8		9	
3	4			6		1		
	5			7			3	6
			6					
	6				9		1	5
		8		5				

Sudoku 182

9			3	8	7			
					5	8		
	5			2				
5				1			7	8
	3	7		6	9	5		
8		4		5			1	
						1		
	7		5					
4						2	5	9

Sudoku 183

2						8		9
			2					
	5	7		3		1		
		4	3				8	
	8			2	1	9	7	
								2
	7		1		4			
8	4		9				3	7

Sudoku 184

					6		2	
		1			3	5		
6		9	4					
	8	6			1			
3			8	2				
2				4		7		
4			3					5
			9	5				4
				6		2		7

Sudoku 185

			6			2		
8					7			
2		6				8		4
	3	8		7	4	9		
5		9					7	
			5			4		
	5			6	8			
3		2		1				
7	6		4		9			

Sudoku 186

	3	8		6		2		7
	4		1					5
							8	4
		5		2			6	
					1			2
6			8		7	5		
	9				2			6
1			7					
		7			5	9		1

Sudoku 187

			8	2			3	5
	9	2						6
8					1	4		
			4					
				6	8	5		9
7				9			4	
3	2	8						
				7	3	6		
9	7							

Sudoku 188

	5				7			4
	6		2		3	9		
3			5			8		7
1	3	5						
2	9	6		5				
			6					
8						6		
	1					2		3
				3	1			

Sudoku 189

		2	4					
	8					2		
	1	3			8	7		
			1	9		5		
5	4		2				8	
		1		8				
9	6	4			7		1	
3	2						4	7
			9			6		

Sudoku 190

		8		6			9	1
	7			3				
		3	1	4		8		
		9				5		6
					1		3	
		5	6		2			
		7	8	1	3	9	5	
		1	5			6		

Sudoku 191

	2	8			1		4	6
	4							
6			8		3		9	
			5			9		3
		4		1		7		5
	5				7			1
		6	3					
1		9		7				
					9			

Sudoku 192

4				1		3	7	
5		8		3				
						8		
			9			7		
3	1	6			7	9		
					1			
		5			6			3
			5		9		4	7
2		1					5	9

Sudoku 193

3	8		4			1		
		7	8	5	3	6		2
	6							4
					2			
	9			6		4		8
7			5		8	2		
		1		2				
	2		7		5	8		
5								

Sudoku 194

	8				6			
4	5			8			7	
		2			4	9		3
	7							5
		9		6			4	
2					9			
				9		6	1	
1					3			
			7	4				

Sudoku 195

					7			
							2	9
		7	8	3			5	
	6		3			9		
5	3	1		4	8			
	1							
3		8		6		4	1	
4			1		5	3	8	

Sudoku 196

	7	9	6				8	
	5							
		2				5	7	
		3				4		
2					7		3	
		7	5			8	2	
			1	6		7		
	4						1	
3					9			4

Sudoku 197

		7						
3	8			7	6			2
	6	9				3	5	
		1			2			
	3		4					1
							3	9
				8				
		8	1			5		
2	9			5			8	6

Sudoku 198

6	9	8						
			8	5	1			3
	8	9	3					5
					6	7		
							3	
3		5	9			4		
9	4				8		7	6
	2			6		1	5	

Sudoku 199

	1			3		6		8
3	7						2	4
		4		2				
4		7						2
	2		9			5	1	
8								
	3		1	6		4		
			8			2	3	
		2			5			

Sudoku 200

			2					
	1					7	8	
		9	6		8		1	
			5			3	7	2
	7	5		2				
3				7	1			6
			7	6				
		3		5		9		
			9				4	

Sudoku 201

2	9		3	4	7	6		
				2				4
7			8					3
		7		6		8	3	
	6		9			5		
		8					9	
	8			9		3	6	
				1		4		
	5							

Sudoku 202

	9	8		3				
5	4							
						8	9	
	6	2	4					
			2		5	4	3	
	1							7
		6		4				2
1					2	7		
7		9	5					3

Sudoku 203

				3	1		7	
		7				2		3
	1		2			9		6
		4					6	
		6	5		8	7		
5	2		6					
					4	8		
		2			6		4	7
			9					

Sudoku 204

			6		2	8	5	
					1			
	3						7	
		6						2
					3	4		
9		1	2	7		5		6
5			9				6	
2				1				
	1	7						

Sudoku 205

								4
				5	2		9	
	7	4					8	
					1			
		6	9			5	2	
		7	3	2	5			
	9				7	3		
	6				3	1		7
					8		5	

Sudoku 206

						9		7
		6						
	9	7			5	2	3	
								5
					8		2	3
	1		5	7			6	
				3			8	2
8			4					
1	6				9	3	5	4

Sudoku 207

					2		7	
				8	6			
	4					5		
8		3			4	2		5
	2	9	1				8	
	7		2		8		9	
		7			1			
9		4					2	
3			8	4		1		

Sudoku 208

	3						7	
7								1
		9	5	7			2	
9	8			2			6	
		1		9		7		
					7		3	8
8	4				2			3
	9							7
5			4					

Sudoku 209

		9			6	8		
4			1					
1	2	3	5					6
							3	
2		7	4	8				
							6	2
			7		1			
8	1				5			9
	7					6		

Sudoku 210

7	2					4		1
8							6	
	1	6						
6	5		7				3	
3			5		8			
					9		8	
9	8			6				4
						9		2
	4						7	

Sudoku 211

1				2	8			9
	3					8		
	6			5		2		1
	2	9					4	
					9			
	5	3			7		6	
			8		2	6		
	1						2	
4			1			3		

Sudoku 212

		4				1	2	
2				4				
		1				8		
	2	5		9			4	7
1			4					8
			5	2		9		
4	3		2					6
						7	8	
	1				7			9

Sudoku 213

						9		3
		7			5			8
			1	4		5		
			5	1				
8					9			
4								9
3						1		6
	2		9				3	
		5		7	6		2	

Sudoku 214

8		2	7	1		6	3	
	7	9					4	
		1			3	9		
					6	5	7	
								6
	9		1		5	3		
2						7		
						2	6	4
			3	5				

Sudoku 215

6			9			2		
	3	1		4		5		
		2	1	8	7			9
1		3			8		9	7
					1			
		7						4
			8					
		4		7		9	5	
3			6					

Sudoku 216

				6		4		8
9	3		2		7			
						7		
3	7			1	2			
1	6					5		
	9							
	2		6				5	
				7	1			
	1	3			5		8	6

Sudoku 217

2	7							6
				4	9			
		3				7		
		4	1				7	
				7	5		6	
	3	6		8	4			
	4					2		7
	5		4	2			1	
		7			6			

Sudoku 218

		2		7				9
1						5		
	6			5		2		
	4				6	8		
		8	4	3				
	1				5			
6	2					1	4	
		1	7	9		3		5

Sudoku 219

	4			9				3
			3					1
				2			9	
		1				2		
6			7	3				
	3	2	1		4	5	7	8
	1							
2				7	8		1	
7				1	9			2

Sudoku 220

	9							
	4	5	8		7			2
							7	
	7							1
	1			9	6			7
3		2	5					
9	5	4	3					
8			9		5		6	3

Sudoku 221

				5				1
9	3							4
7		8	6					
5			7				9	
		7				3		2
	9	4						6
			8				6	
		9			7		4	
3	7			6	5			

Sudoku 222

		2			6	8		
				4	5			
5	6				8		7	4
4	7	8	6				3	
3			7			2		8
		3			9			1
	2			6				
9			3			4		

Sudoku 223

		1						
5				6		3	8	
7		6	4				1	5
						8		7
					1	9		
9	7						6	
					9			
6				5				
		8	2	3				4

Sudoku 224

			5			3	7	
			9				4	6
			3		2		5	
	7	9						8
	3		7		9		6	4
5		4						
		6		5				
			6		8	9		
	2						3	

Sudoku 225

							2	
	4	6			3			
1	5	3				8		4
			8	5	1			
6		9		4			5	
8						4		2
			7			2	1	6
5		2			8			
		1		3	5	5		

Sudoku 226

		9		3	4			
		4	2			8		
	1	3				7		2
5		8			7	1		
				4		3	8	
			1		6	4		
						9		
4			6	5				
8		2						1

Sudoku 227

	9		6				5	4
		6	5			3		
		7			4		9	
		5			2			
						5	2	
	8		3					
		3	1			8		
7			8	6				2
4								3

Sudoku 228

6			8			4	7	
		3			6			5
	8				3			
		1		3	5		4	
								8
	5				2	6	1	
			2			7		1
		4						
	6	7	9				8	4

Sudoku 229

		2	7	9				
	4	7			6			
6	3	1		2				9
			4		3		1	
								3
		3					6	8
		9	8	6				
7			3		5			6
	8						2	

Sudoku 230

1						8	7	
		8	7					6
9		3						
	2							
	8	1			7		4	9
		9		4				1
6						2		3
			2	8	5			7
	9					4		

Sudoku 231

5						6		1
7		1	3					
			5	1				2
				3			6	9
		5			8			4
1		2		4			3	
6		9					8	
		7	8					5

Sudoku 232

4			6			8		
	1	6	8	5				3
	3		7					9
9							6	
		3		2	1	9		7
		1			6		5	
5	9	4					7	
			5					2

Sudoku 233

	8	5		6		1		
		7		4	9		6	
			1					9
5						9		3
						6	1	
	3				6		2	4
			6		4			7
	9							
1				7			3	6

Sudoku 234

		5		7	4	9		
2			3	8		6		
		8				7	2	
				2				4
		4						
	1							7
4		2		9				
	6		1			3		
			7		5	4	9	

Sudoku 235

	5	7			9	2	3	
3					7		4	8
	1	4					7	
						5		
		1		5				4
	6	5	3				8	
		2	1		5			7
1	8		7			6		

Sudoku 236

4		2	7					
	8							
7		3	4			8		
			6			2		
		1	2			4	3	8
			8	4			9	
	3	8	9		2		4	
9		7						
							6	1

Sudoku 237

		7				6	8	
	3		2	9				4
4								
	7	9	5					8
							6	
1				7	9	3	5	
				8		9		
				2				
	5		6			8	7	

Sudoku 238

6			3	7			1	4
					2			5
	9			1	8			
			1			2	8	9
	3						6	
	5			9				
5			4		1	9		8
				8				
		4			7	1	2	

Sudoku 239

5								
9		7		3	2			
			5					4
1	9					4		7
		2	8		4	5		
3								
				7		6	4	
	7		4		5			1
		5	9		3		7	

Sudoku 240

			2		1			
			5		4	9		
4	5					7		
		8		6				
					7	3		6
		3						8
7			9			2		
1							5	
	2	5	6				7	3

Sudoku 241

			4		8			1
3					1			8
1						5	9	
				3				
	2				9	7	3	
5							2	9
	5			4				
			8	9	3	6		5
	9		7			4	8	

Sudoku 242

	8		1	2				
							3	9
		9	4			8		
			5	4		1		
	4	3				2		
	1		7	8			9	
4					5		8	
			8				5	
		5		1		4		

Sudoku 243

7		1		2		9	8	
				3			1	
		6	9					
2		4						
			7					1
				8		4		
	6	2						
	7			9	2	8		
4					7	6	5	2

Sudoku 244

6					1			
				2				3
5		3	4				8	
	7		1				9	6
4		6						
		9		6	2	8		
				3			5	2
9		2					6	4
						1		

Sudoku 245

							6	5
3		4	8				7	
7			2	4	1			
		8	3					6
	6					1		
			9	1				8
			5	3			2	
						3	1	
	8		1	7				4

Sudoku 246

		4	6			9	1	
			1			7		5
					7		6	3
5	4							6
9		7						
				9		5		4
	6						3	8
3							4	
2	9			8	3			

Sudoku 247

		2						
	5	9					4	
	7		6	3	1			
					3			4
9			4			2		
		8	2	1	7		5	9
6							7	2
		5	1		6			
2			8		9			

Sudoku 248

	3					8		
4		7		5	8			1
	5			4	1			
			5		9	2		
		8		2	4		1	
5	6							7
					5	9	7	
				9				
		3			7	1		2

Sudoku 249

				1		6		
	4	2	9				3	
3			7			5	2	
	2		5		3			
		6	1					
					8			
6	5						9	
2	3			5		7		6
	8			3				5

Sudoku 250

	8				7	4		
4			8	3	5	6	2	
						1	8	3
			7					
					4			8
	2			5	6		9	
								5
		9						
5			6		2	8	3	4

Sudoku 251

4							1	6
			4	2				
7		1		9				
			1	4			8	
	9			5	7	3		
6					3			
	1							2
	7			1	8		4	3
		3	5					

Sudoku 252

			5	8			7	3
		5	4					
		3				8	5	
					9			7
			1		5			
9	7		6					
4	2		8		1			
		9		3			8	
				5		2	9	4

Sudoku 253

		7	6		5			
		2					1	
				1				8
	2		1	9	3	6		
	3							
9	1		5		2			
	7				8			2
	5				9	7	8	
		9		5				

Sudoku 254

9	3	8						
								7
	4				6	9	5	
	2					3		1
6			1	3		5		
3		9					7	
		1	3	9				
	8			2			9	
		6		7		4		

Sudoku 255

		9						4
				9				6
2						9		
				1		5		
	4				5	1		
1					7		6	2
6		2	3		8			1
		4	1				8	
9	8			5	6	7		

Sudoku 256

				3				
		7			1	5		3
			4		5			
7							3	2
5		4			9	7		
6				1		4		
			1	5		3		4
	9	5	3			1		
			2					

Sudoku 257

		3						
2						7		8
5			9				4	
	6			2	3	1		
	5			8	1		9	
4			7	9				
	3						8	7
				1				6
7	8					5		

Sudoku 258

	4	9					7	
6		2	3					
	1			2	7			
	6					1	2	8
9				5		3		
			4				5	9
		3	5		6			
	9					7		
				9	4		3	2

Sudoku 259

		1	2			8	4	
	8			1				
		9					7	1
2	9			8	1			
6					4	2	3	
				2		4		
		6	8					
1	4				7		6	
				4				5

Sudoku 260

9		1					6	
				9				
			6			7		2
	9				7		1	
2				5			3	
	4		8	6				
3	1		5			6		8
6		7	9					1
8				1			2	3

Sudoku 261

	8		5			2	3	
6	2						1	
					9			
		5	2		3			
	4		6					
8		2			7			
1	7			9	2		5	
			8	5				
9	5				4		8	

Sudoku 262

3			7		6		2	
	2			8			6	3
				3	4	9		
			5		7	4		
4		2						
						6		
1				9	3			5
		5						
	6				8	3	1	

Sudoku 263

6		4	9	8				
			6		3			
		3		7			1	
		6		2			7	
		9						
			3	5			4	
		1				4		2
	9				1	7		
3	5	7		6		9		

Sudoku 264

			7					
							6	2
	9	1	8				7	4
			5	7				
			9	2		1		
4		2	1		6			
	7		4	5	1		8	
	4							5
	3						1	

Sudoku 265

8	7			4	6			9
2	4			9				
						7	6	
9				5	4	8	7	
	5	4	1		2			
			6					
5	2			6		1		8
	8	7				6	2	

Sudoku 266

			3					6
			1	2	4		7	
		1			7			5
	4				1	6		3
	5				2			4
			9					
				7		3	5	
2			8					
6		5	4					

Sudoku 267

	6							
		8			5		2	
2			1		9		5	
1						7	8	
7		4		5				
							1	
				6		4		
5		6		3		2		
	4				2	3		

Sudoku 268

		8	7	3				2
		2	5					
	7	9					4	
		1	6					
	9	3			8			
2			3				9	5
				6	5			4
	4	5					2	8
3	2		9					

Sudoku 269

				6		7		3
	8	9						
4	7		5					6
	6							1
		5			4			
1	3	2				4		
			8	7			5	
5				9			2	
	4	7	6					8

Sudoku 270

	1							7
6	8		3		1			
4	3	9		7				
			1		6	2		
			4					
			5	3		8	6	
	9					4		
	6	5	2		9			
3	7		8					

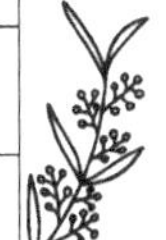

Sudoku 271

		4				2		
			5	6		7		
	7	9					5	
7	9							
				2	7	9		8
			3					
9				5				
6	2			7	1	8		
	3					5	6	4

Sudoku 272

6					7	2	8	
	2				6			
9	1		4	3				5
		1						
						4	7	
	6		5				1	
			8					7
5				2				1
2	9	4						

Sudoku 273

	8				4			3
	1			7		9		
	5	9		1			7	4
9					6	7		8
5	4		2		9			
					5			
8				5				
			4		8		6	7

Sudoku 274

	2			8	1		4	9
3				5			7	
		1						
	6							
						5	3	
			8	2	4			
	4	2				7		5
8	3				2			
9								4

Sudoku 275

	2	5				3		7
		7					1	5
						6		
	6		4	7	9			
2	5					7		
1				5	3			
				1				
	3			6	2		5	
	1				7			3

Sudoku 276

6		5				7		
				7		9		
8					3			
9	8	1	3			5	6	
			5				7	
	5		9		8	3		
		7						
1	6							3
3				4		2		

Sudoku 277

		7			3			5
2		4		6		1		
3		6		2				
	8	9						
7		3			5	4		
			4	9				6
							1	
			2					7
1			9	7		6		

Sudoku 278

5					3			
			2	9	7		8	6
		8		7		3	2	9
		9	6					
3			1					
8	3				6			
	4			2		6		
		5						1

Sudoku 279

7			5	8	1	6		
					9		8	1
		3						
			3	9			1	
1							6	
5	3	4						
3			7		5			6
9	5		1		3		2	
	6						5	

Sudoku 280

		1						6
	8		7			1	9	
5				6		2		
			5				8	1
	5				4			
					2	5		
	3							4
1		9	8		3			
7				2				

Sudoku 281

		4				2		
					7	3		
			2	6	8			4
	5		1		4			
						7		8
8		1			6	9		
	7	6	4	1				3
		5		3				
					2		6	

Sudoku 282

		1		3	9			
	5				2			4
			8					7
			2		1			
8	7					4	1	
			4		8	2		6
	1			2	5			
	2	3						
4	8							3

Sudoku 283

4			3		6			
	6		7	1	2		8	
3							7	6
2	5			8				
1				7				
					7	4	5	8
							1	9
9				4		7		

Sudoku 284

							4	5
	8				6	2		
5				4	2	9		
1								9
		7					3	
9			5	8				
	7		3				9	1
		4			1			
	2					6		

Sudoku 285

	7			6			3	
				2		9	4	1
		8	3		9		6	
				7	1			
		9	4		5			3
						2		
	6				8	4		
	5							
4		2	7	3				

Sudoku 286

5	4	1	6				2	
			2		1	6		
6				4		1		7
		9	7		2			8
3		8			4	2		6
					3			
	1	7					4	
				2	7	9		1
						7		2

Sudoku 287

				1	3		4	
	8			4		5		
	6	5					2	
		7						
6			2	5				
3	2		9		7			5
				2			1	
		6	3					
		2	1				8	3

Sudoku 288

			1		4		2	
			7	6		1	3	
	3		9		8		6	
			4			6	5	
							1	
4		8				9		
7	9	3						
	4	6		8	7			
8		1			5			6

Sudoku 289

				8	5	6		
6				9		7		
					7		4	8
4					9			
7		9				8	3	
8		3	4					6
		5					7	
	2	6						
		7		5				9

Sudoku 290

							7	8
8			4	5	9	2		
	2						3	
		8	9					
			5		2			
	1			8				5
	8		3	7				9
		4						6
7	9		8		4			

Sudoku 291

1				7		2	9	3
		6	8		4			7
2		7						
	4		5					2
				6	1	4		
5	9				7			
	2			8				
				4		7		
							8	1

Sudoku 292

7							9	
1				9	4		7	
		6		7		2	1	8
		9				1	3	
4		2						
	8			2		9		7
		3	8					
8			9				2	5
	1							

Sudoku 293

		1		4	7			9
					2	1		7
	9						6	
5			2				3	1
	4		1		6			
	7							6
			7	8				
		3			9			
						4	1	5

Sudoku 294

		9						
	2	1	6	8	3	9		
	5		4		8	6		2
		7					9	
8								
9					6	3	5	
	7	2			5			6
5	6			1				

Sudoku 295

		6	7				5	9
			9			7	8	
9			5		8	4		
		5			2	1		4
		8			4			
4	6						7	
		3	4		5			
8	4		6					1
	1							

Sudoku 296

1	4		2					
3	5					2	9	
					9		7	
					6	1		
	1						2	
	6				5	4		9
4			7		3	6	1	
6			9			7		5
				4				

Sudoku 297

	4				5		3	7
2			8	9	7			
							2	
	9			4				
		1	2		3			4
7				1	6			
	6					4		
		3		5		2	8	
					2	6		

Sudoku 298

9						3		
				4				8
	3				7	4		2
	9			8	6		1	
	1	4						7
	2		1			6		
		2	9	3	8			5
	7						3	

Sudoku 299

7			8					6
	6		2	4				
	2		1				9	
	5				2	1		
					7			8
			4	1			6	
	9				4	3	1	
			5			2		
5			9		1		7	

Sudoku 300

6	5	2						
					9			
			5	3	7	8		
	6				4			7
			1			6		
	1		6	8		5	4	
								5
	3				1			
2		7			3	9	6	

Solutions

Solution Sudoku 1

6	4	2	5	7	3	8	1	9
1	3	5	8	4	9	2	6	7
7	8	9	6	1	2	5	4	3
8	5	7	2	3	4	6	9	1
3	2	4	1	9	6	7	8	5
9	6	1	7	5	8	4	3	2
4	9	8	3	2	7	1	5	6
5	7	3	4	6	1	9	2	8
2	1	6	9	8	5	3	7	4

Solution Sudoku 2

8	4	6	2	5	1	7	9	3
1	3	7	8	4	9	2	5	6
2	9	5	6	3	7	1	8	4
5	7	4	9	1	6	8	3	2
3	6	2	4	7	8	9	1	5
9	8	1	3	2	5	4	6	7
7	5	3	1	8	4	6	2	9
6	2	8	7	9	3	5	4	1
4	1	9	5	6	2	3	7	8

Solution Sudoku 3

7	5	4	3	8	2	1	9	6
9	2	1	4	5	6	8	7	3
6	3	8	9	1	7	2	4	5
3	7	9	8	6	4	5	1	2
8	4	2	5	3	1	7	6	9
1	6	5	7	2	9	3	8	4
5	9	3	1	4	8	6	2	7
2	1	7	6	9	3	4	5	8
4	8	6	2	7	5	9	3	1

Solution Sudoku 4

8	6	4	5	1	2	7	3	9
9	3	1	8	6	7	2	5	4
7	5	2	3	9	4	1	6	8
1	4	9	6	2	8	3	7	5
5	8	3	7	4	1	6	9	2
6	2	7	9	3	5	8	4	1
2	9	6	1	5	3	4	8	7
3	1	8	4	7	9	5	2	6
4	7	5	2	8	6	9	1	3

Solution Sudoku 5

5	6	9	7	4	8	3	1	2
1	8	2	5	3	6	9	7	4
3	4	7	1	2	9	5	8	6
4	7	3	2	6	5	8	9	1
6	9	1	4	8	7	2	5	3
2	5	8	3	9	1	4	6	7
7	3	5	8	1	2	6	4	9
9	1	4	6	5	3	7	2	8
8	2	6	9	7	4	1	3	5

Solution Sudoku 6

9	6	7	2	3	1	4	5	8
1	4	5	8	7	9	2	6	3
2	3	8	6	4	5	9	1	7
3	9	4	5	2	8	1	7	6
8	2	6	3	1	7	5	4	9
7	5	1	4	9	6	8	3	2
6	8	3	9	5	4	7	2	1
4	1	2	7	8	3	6	9	5
5	7	9	1	6	2	3	8	4

Solution Sudoku 7

8	2	4	6	5	9	1	3	7
9	1	5	3	8	7	6	2	4
6	3	7	2	4	1	9	5	8
3	5	8	4	7	6	2	1	9
1	4	9	5	3	2	8	7	6
7	6	2	1	9	8	5	4	3
2	9	3	7	6	5	4	8	1
4	8	1	9	2	3	7	6	5
5	7	6	8	1	4	3	9	2

Solution Sudoku 8

1	8	3	2	6	7	5	4	9
7	6	4	5	3	9	8	1	2
9	5	2	8	1	4	3	7	6
3	9	1	4	2	5	6	8	7
8	2	6	3	7	1	4	9	5
4	7	5	6	9	8	1	2	3
6	1	9	7	8	3	2	5	4
5	3	8	9	4	2	7	6	1
2	4	7	1	5	6	9	3	8

Solution Sudoku 9

2	8	7	6	4	3	1	5	9
5	4	9	7	2	1	6	3	8
6	1	3	5	9	8	2	4	7
1	7	8	4	5	2	3	9	6
3	2	5	8	6	9	7	1	4
4	9	6	1	3	7	5	8	2
8	3	2	9	1	6	4	7	5
9	5	1	2	7	4	8	6	3
7	6	4	3	8	5	9	2	1

Solution Sudoku 10

6	8	1	9	2	4	5	7	3
2	9	3	7	1	5	6	4	8
4	7	5	8	6	3	2	1	9
7	4	6	3	5	9	1	8	2
8	5	9	1	7	2	3	6	4
3	1	2	4	8	6	7	9	5
5	3	8	6	9	1	4	2	7
1	2	7	5	4	8	9	3	6
9	6	4	2	3	7	8	5	1

Solution Sudoku 11

9	5	2	7	3	6	1	4	8
3	4	8	9	1	2	5	7	6
1	7	6	4	5	8	9	2	3
8	9	3	6	7	1	2	5	4
5	1	7	2	8	4	3	6	9
6	2	4	3	9	5	7	8	1
4	8	1	5	2	3	6	9	7
2	3	9	8	6	7	4	1	5
7	6	5	1	4	9	8	3	2

Solution Sudoku 12

9	4	1	3	2	7	8	5	6
3	6	2	4	8	5	1	7	9
7	5	8	1	9	6	3	2	4
8	7	6	2	1	3	9	4	5
2	9	5	8	7	4	6	3	1
1	3	4	6	5	9	2	8	7
6	2	7	9	4	8	5	1	3
5	8	3	7	6	1	4	9	2
4	1	9	5	3	2	7	6	8

Solution Sudoku 13

2	9	3	5	1	8	4	7	6
1	7	4	9	3	6	8	2	5
8	6	5	4	7	2	9	3	1
5	8	6	7	2	1	3	9	4
3	2	1	8	4	9	5	6	7
7	4	9	6	5	3	1	8	2
4	1	8	2	9	7	6	5	3
9	3	7	1	6	5	2	4	8
6	5	2	3	8	4	7	1	9

Solution Sudoku 14

5	7	4	3	8	1	6	9	2
6	3	2	5	9	7	8	4	1
8	1	9	6	4	2	7	5	3
9	4	5	2	6	3	1	8	7
1	8	3	9	7	4	2	6	5
7	2	6	8	1	5	9	3	4
3	9	1	4	2	8	5	7	6
2	5	8	7	3	6	4	1	9
4	6	7	1	5	9	3	2	8

Solution Sudoku 15

8	9	6	2	1	3	4	5	7
4	2	5	9	8	7	6	1	3
3	1	7	6	4	5	8	2	9
9	5	2	7	6	4	3	8	1
1	7	4	8	3	9	2	6	5
6	3	8	1	5	2	7	9	4
7	8	1	4	9	6	5	3	2
2	6	3	5	7	1	9	4	8
5	4	9	3	2	8	1	7	6

Solution Sudoku 16

1	9	2	5	7	4	8	6	3
3	8	5	6	9	2	1	7	4
7	6	4	8	3	1	9	5	2
8	5	7	2	4	9	3	1	6
6	4	3	7	1	5	2	9	8
2	1	9	3	8	6	5	4	7
5	3	1	4	6	8	7	2	9
9	7	6	1	2	3	4	8	5
4	2	8	9	5	7	6	3	1

Solution Sudoku 17

2	8	4	1	7	5	6	9	3
1	5	3	4	6	9	7	8	2
6	9	7	8	2	3	5	1	4
5	4	1	2	9	8	3	6	7
7	6	8	3	1	4	9	2	5
3	2	9	6	5	7	1	4	8
8	7	5	9	4	1	2	3	6
9	3	6	7	8	2	4	5	1
4	1	2	5	3	6	8	7	9

Solution Sudoku 18

6	4	2	7	5	3	1	8	9
3	9	1	6	4	8	7	5	2
5	7	8	2	1	9	3	4	6
9	3	4	8	2	5	6	7	1
8	1	7	4	9	6	2	3	5
2	5	6	1	3	7	8	9	4
4	2	3	9	7	1	5	6	8
7	8	9	5	6	2	4	1	3
1	6	5	3	8	4	9	2	7

Solution Sudoku 19

3	5	7	4	8	6	1	9	2
1	8	9	2	7	5	3	4	6
2	4	6	3	9	1	7	8	5
5	6	3	7	2	9	8	1	4
9	2	4	1	6	8	5	7	3
7	1	8	5	4	3	2	6	9
6	7	1	9	3	2	4	5	8
4	9	2	8	5	7	6	3	1
8	3	5	6	1	4	9	2	7

Solution Sudoku 20

2	3	6	5	1	7	8	9	4
4	7	8	6	3	9	5	2	1
1	5	9	4	2	8	6	3	7
6	1	7	2	8	4	9	5	3
9	8	2	3	7	5	4	1	6
3	4	5	9	6	1	2	7	8
5	6	4	1	9	3	7	8	2
7	9	1	8	4	2	3	6	5
8	2	3	7	5	6	1	4	9

Solution Sudoku 21

5	4	1	9	8	7	2	6	3
9	2	6	4	1	3	5	7	8
8	7	3	2	5	6	4	1	9
7	6	2	5	3	4	8	9	1
4	5	9	1	6	8	7	3	2
3	1	8	7	9	2	6	5	4
6	3	5	8	2	9	1	4	7
1	8	4	3	7	5	9	2	6
2	9	7	6	4	1	3	8	5

Solution Sudoku 22

9	2	7	3	4	5	6	1	8
6	8	3	7	2	1	9	5	4
4	1	5	9	6	8	7	3	2
7	6	2	1	8	3	4	9	5
3	5	8	4	7	9	2	6	1
1	9	4	6	5	2	3	8	7
5	4	9	8	3	7	1	2	6
2	3	6	5	1	4	8	7	9
8	7	1	2	9	6	5	4	3

Solution Sudoku 23

4	9	2	7	8	3	1	5	6
1	8	7	6	4	5	9	3	2
5	3	6	1	2	9	8	4	7
3	7	1	2	5	4	6	9	8
6	4	8	9	7	1	3	2	5
9	2	5	3	6	8	4	7	1
7	6	9	4	1	2	5	8	3
2	5	3	8	9	6	7	1	4
8	1	4	5	3	7	2	6	9

Solution Sudoku 24

7	5	1	4	8	9	2	3	6
4	2	6	3	7	5	1	9	8
3	9	8	2	1	6	4	5	7
8	1	2	9	5	7	3	6	4
6	3	5	1	2	4	7	8	9
9	7	4	6	3	8	5	2	1
2	8	3	7	9	1	6	4	5
1	6	9	5	4	3	8	7	2
5	4	7	8	6	2	9	1	3

Solution Sudoku 25

7	9	5	8	2	4	1	3	6
6	4	8	1	3	5	7	9	2
2	1	3	6	9	7	5	8	4
4	3	2	9	7	8	6	5	1
9	7	1	3	5	6	2	4	8
5	8	6	2	4	1	9	7	3
1	2	7	5	8	3	4	6	9
8	5	9	4	6	2	3	1	7
3	6	4	7	1	9	8	2	5

Solution Sudoku 26

1	4	2	5	7	9	3	8	6
7	9	3	8	6	4	2	5	1
6	8	5	1	2	3	9	7	4
9	5	6	7	4	2	1	3	8
2	3	8	9	1	6	5	4	7
4	7	1	3	8	5	6	2	9
3	2	7	4	9	1	8	6	5
8	6	9	2	5	7	4	1	3
5	1	4	6	3	8	7	9	2

Solution Sudoku 27

4	8	3	5	2	9	7	1	6
1	5	7	6	8	4	3	9	2
9	6	2	1	7	3	4	8	5
6	3	5	8	9	1	2	4	7
2	7	9	4	5	6	1	3	8
8	4	1	2	3	7	6	5	9
7	9	8	3	4	2	5	6	1
3	2	6	9	1	5	8	7	4
5	1	4	7	6	8	9	2	3

Solution Sudoku 28

5	7	1	6	8	4	9	2	3
2	4	9	7	3	1	5	8	6
3	8	6	5	9	2	7	1	4
7	2	3	1	6	5	4	9	8
4	1	5	8	7	9	6	3	2
9	6	8	4	2	3	1	5	7
8	3	4	9	5	6	2	7	1
1	9	7	2	4	8	3	6	5
6	5	2	3	1	7	8	4	9

Solution Sudoku 29

9	6	4	1	3	7	5	8	2
7	2	3	8	5	4	1	6	9
1	8	5	2	6	9	3	4	7
2	9	1	6	4	8	7	3	5
6	3	8	5	7	2	4	9	1
4	5	7	9	1	3	8	2	6
3	1	6	4	2	5	9	7	8
8	7	2	3	9	1	6	5	4
5	4	9	7	8	6	2	1	3

Solution Sudoku 30

2	1	3	4	6	7	5	8	9
7	9	6	3	5	8	4	2	1
4	8	5	2	9	1	7	3	6
8	5	7	6	1	4	2	9	3
9	3	4	8	7	2	6	1	5
6	2	1	5	3	9	8	7	4
3	4	2	1	8	6	9	5	7
5	7	8	9	4	3	1	6	2
1	6	9	7	2	5	3	4	8

Solution Sudoku 31

9	1	2	8	5	3	7	6	4
8	3	6	7	2	4	9	5	1
4	5	7	6	9	1	8	3	2
5	6	8	4	1	9	3	2	7
1	2	9	5	3	7	6	4	8
3	7	4	2	6	8	5	1	9
6	4	5	9	8	2	1	7	3
7	8	1	3	4	6	2	9	5
2	9	3	1	7	5	4	8	6

Solution Sudoku 32

6	4	1	2	7	8	5	3	9
9	8	2	5	3	1	7	6	4
7	5	3	9	6	4	1	8	2
5	2	4	1	9	3	6	7	8
8	1	6	4	5	7	2	9	3
3	7	9	8	2	6	4	5	1
4	6	7	3	8	2	9	1	5
2	3	5	7	1	9	8	4	6
1	9	8	6	4	5	3	2	7

Solution Sudoku 33

7	9	3	1	4	6	2	5	8
2	8	1	9	7	5	3	6	4
6	5	4	8	3	2	9	1	7
8	6	7	4	2	1	5	9	3
3	2	9	7	5	8	6	4	1
4	1	5	3	6	9	7	8	2
1	7	8	6	9	3	4	2	5
5	4	6	2	1	7	8	3	9
9	3	2	5	8	4	1	7	6

Solution Sudoku 34

7	1	2	6	8	4	9	3	5
8	5	6	7	9	3	1	2	4
9	3	4	5	1	2	7	6	8
3	6	9	4	7	5	8	1	2
4	8	5	2	6	1	3	7	9
1	2	7	8	3	9	5	4	6
6	9	3	1	4	8	2	5	7
2	4	8	3	5	7	6	9	1
5	7	1	9	2	6	4	8	3

Solution Sudoku 35

1	2	8	3	9	5	4	6	7
4	7	9	2	8	6	5	3	1
3	6	5	7	4	1	2	9	8
2	9	4	1	5	3	7	8	6
5	8	7	9	6	4	3	1	2
6	3	1	8	7	2	9	4	5
9	1	6	4	2	7	8	5	3
8	5	2	6	3	9	1	7	4
7	4	3	5	1	8	6	2	9

Solution Sudoku 36

7	5	6	2	8	3	1	9	4
3	8	2	4	9	1	5	6	7
9	4	1	5	7	6	3	2	8
5	6	3	8	2	9	7	4	1
8	2	9	7	1	4	6	5	3
1	7	4	3	6	5	2	8	9
6	3	7	9	5	8	4	1	2
4	9	5	1	3	2	8	7	6
2	1	8	6	4	7	9	3	5

Solution Sudoku 37

8	7	3	9	6	4	5	2	1
2	5	9	3	1	8	7	4	6
6	4	1	2	7	5	8	3	9
5	1	4	8	2	7	6	9	3
3	6	7	4	9	1	2	8	5
9	8	2	5	3	6	1	7	4
1	9	8	7	5	3	4	6	2
7	2	6	1	4	9	3	5	8
4	3	5	6	8	2	9	1	7

Solution Sudoku 38

4	5	8	6	7	1	3	9	2
6	3	9	5	4	2	7	8	1
1	7	2	3	8	9	4	5	6
3	1	7	8	9	4	2	6	5
8	9	6	2	3	5	1	7	4
5	2	4	1	6	7	9	3	8
7	4	5	9	2	6	8	1	3
2	8	1	7	5	3	6	4	9
9	6	3	4	1	8	5	2	7

Solution Sudoku 39

6	9	3	2	4	5	1	7	8
7	8	2	1	6	3	9	4	5
4	5	1	7	9	8	2	6	3
3	1	4	8	7	9	6	5	2
5	7	8	6	1	2	4	3	9
2	6	9	3	5	4	7	8	1
9	2	5	4	8	7	3	1	6
8	4	6	9	3	1	5	2	7
1	3	7	5	2	6	8	9	4

Solution Sudoku 40

1	6	7	8	4	3	9	5	2
8	3	5	2	6	9	1	7	4
9	4	2	1	7	5	8	3	6
4	8	1	3	2	6	7	9	5
2	5	3	7	9	4	6	1	8
7	9	6	5	1	8	4	2	3
3	1	8	6	5	7	2	4	9
5	7	9	4	8	2	3	6	1
6	2	4	9	3	1	5	8	7

Solution Sudoku 41

1	2	4	9	6	5	3	7	8
3	6	9	7	8	1	2	4	5
7	5	8	2	3	4	6	1	9
5	9	6	8	2	7	4	3	1
2	7	1	3	4	9	5	8	6
4	8	3	5	1	6	9	2	7
6	1	7	4	9	3	8	5	2
8	3	5	6	7	2	1	9	4
9	4	2	1	5	8	7	6	3

Solution Sudoku 42

9	8	3	1	7	2	6	4	5
6	1	4	3	8	5	2	9	7
7	2	5	9	4	6	1	3	8
3	6	8	7	2	9	4	5	1
2	7	1	8	5	4	9	6	3
4	5	9	6	3	1	8	7	2
8	3	6	2	9	7	5	1	4
5	9	2	4	1	3	7	8	6
1	4	7	5	6	8	3	2	9

Solution Sudoku 43

7	9	1	3	4	6	5	2	8
8	3	4	2	5	9	6	1	7
6	5	2	7	1	8	9	3	4
3	4	8	6	9	7	2	5	1
5	2	9	1	8	4	7	6	3
1	6	7	5	3	2	8	4	9
2	8	6	4	7	3	1	9	5
4	7	5	9	2	1	3	8	6
9	1	3	8	6	5	4	7	2

Solution Sudoku 44

8	3	1	6	4	7	9	2	5
5	6	7	3	2	9	8	1	4
9	4	2	5	8	1	3	7	6
6	9	5	2	7	4	1	8	3
4	1	8	9	5	3	7	6	2
2	7	3	8	1	6	5	4	9
1	8	6	4	9	5	2	3	7
3	2	9	7	6	8	4	5	1
7	5	4	1	3	2	6	9	8

Solution Sudoku 45

4	6	8	9	2	7	3	1	5
1	7	5	6	8	3	9	4	2
9	3	2	1	4	5	7	6	8
2	5	4	3	7	8	1	9	6
3	9	1	2	6	4	8	5	7
7	8	6	5	1	9	4	2	3
8	2	3	4	5	1	6	7	9
6	4	9	7	3	2	5	8	1
5	1	7	8	9	6	2	3	4

Solution Sudoku 46

7	1	8	4	6	2	9	5	3
3	6	9	8	7	5	2	4	1
4	5	2	1	3	9	6	7	8
2	8	7	9	4	3	5	1	6
1	9	5	7	8	6	4	3	2
6	4	3	2	5	1	7	8	9
9	7	4	3	2	8	1	6	5
8	2	6	5	1	4	3	9	7
5	3	1	6	9	7	8	2	4

Solution Sudoku 47

3	4	9	7	1	2	6	8	5
2	7	8	6	5	9	3	4	1
1	5	6	4	3	8	9	2	7
8	1	4	9	6	7	5	3	2
5	6	2	3	8	4	1	7	9
9	3	7	1	2	5	8	6	4
7	9	5	8	4	6	2	1	3
6	2	3	5	7	1	4	9	8
4	8	1	2	9	3	7	5	6

Solution Sudoku 48

7	1	5	2	3	8	9	4	6
4	3	6	9	5	7	1	2	8
9	8	2	1	4	6	3	7	5
1	9	8	3	7	4	6	5	2
6	4	3	5	1	2	7	8	9
2	5	7	6	8	9	4	1	3
3	7	4	8	9	5	2	6	1
8	6	1	7	2	3	5	9	4
5	2	9	4	6	1	8	3	7

Solution Sudoku 49

8	4	9	3	1	5	2	7	6
3	7	2	6	4	9	5	1	8
6	1	5	8	2	7	9	4	3
7	3	1	5	8	2	4	6	9
2	8	6	7	9	4	3	5	1
5	9	4	1	3	6	8	2	7
9	6	7	4	5	3	1	8	2
4	2	8	9	6	1	7	3	5
1	5	3	2	7	8	6	9	4

Solution Sudoku 50

9	1	2	8	7	4	6	5	3
7	8	6	9	3	5	1	2	4
4	5	3	2	6	1	9	7	8
6	4	1	5	9	7	8	3	2
3	7	8	1	4	2	5	9	6
2	9	5	6	8	3	4	1	7
8	3	7	4	5	9	2	6	1
1	6	9	7	2	8	3	4	5
5	2	4	3	1	6	7	8	9

Solution Sudoku 51

3	5	2	4	6	1	9	8	7
8	6	1	7	2	9	4	3	5
9	7	4	3	8	5	1	2	6
6	1	8	9	3	4	5	7	2
2	3	9	5	7	8	6	1	4
5	4	7	6	1	2	3	9	8
1	9	6	2	4	7	8	5	3
4	2	5	8	9	3	7	6	1
7	8	3	1	5	6	2	4	9

Solution Sudoku 52

6	8	2	9	1	4	3	5	7
5	4	3	2	7	6	1	9	8
1	9	7	5	3	8	2	4	6
2	3	9	7	4	5	8	6	1
8	1	4	6	9	2	5	7	3
7	6	5	1	8	3	9	2	4
4	7	8	3	2	9	6	1	5
3	2	6	4	5	1	7	8	9
9	5	1	8	6	7	4	3	2

Solution Sudoku 53

7	6	1	8	9	4	3	2	5
9	5	4	2	3	1	8	6	7
8	2	3	6	5	7	9	1	4
2	9	7	5	6	8	1	4	3
4	8	5	3	1	2	6	7	9
3	1	6	7	4	9	2	5	8
6	3	2	9	7	5	4	8	1
1	7	9	4	8	6	5	3	2
5	4	8	1	2	3	7	9	6

Solution Sudoku 54

8	1	7	5	3	6	2	9	4
2	5	6	7	4	9	1	8	3
9	3	4	1	8	2	6	7	5
5	9	2	8	6	7	3	4	1
3	6	8	4	9	1	7	5	2
4	7	1	3	2	5	8	6	9
1	2	5	9	7	8	4	3	6
7	4	9	6	1	3	5	2	8
6	8	3	2	5	4	9	1	7

Solution Sudoku 55

9	7	3	8	5	6	4	2	1
8	2	5	7	4	1	9	3	6
1	4	6	2	3	9	7	5	8
7	6	1	5	9	2	8	4	3
3	5	2	1	8	4	6	7	9
4	9	8	3	6	7	5	1	2
6	8	7	4	1	3	2	9	5
5	1	4	9	2	8	3	6	7
2	3	9	6	7	5	1	8	4

Solution Sudoku 56

9	2	3	4	7	8	5	6	1
4	8	5	6	2	1	3	7	9
1	7	6	5	9	3	8	4	2
5	4	9	2	3	7	6	1	8
7	3	1	8	6	5	9	2	4
8	6	2	9	1	4	7	5	3
6	5	4	3	8	2	1	9	7
2	1	8	7	5	9	4	3	6
3	9	7	1	4	6	2	8	5

Solution Sudoku 57

6	4	8	7	9	3	5	2	1
3	5	1	2	4	8	9	7	6
7	2	9	5	6	1	3	4	8
1	8	2	6	5	7	4	9	3
9	6	5	1	3	4	2	8	7
4	3	7	8	2	9	1	6	5
2	1	3	4	8	6	7	5	9
5	9	6	3	7	2	8	1	4
8	7	4	9	1	5	6	3	2

Solution Sudoku 58

4	8	5	1	2	3	6	9	7
1	9	7	4	8	6	5	2	3
3	6	2	5	7	9	8	4	1
6	7	3	8	1	2	9	5	4
5	2	9	3	4	7	1	8	6
8	1	4	6	9	5	7	3	2
2	5	1	9	6	4	3	7	8
7	3	6	2	5	8	4	1	9
9	4	8	7	3	1	2	6	5

Solution Sudoku 59

1	7	8	3	9	6	5	2	4
9	3	5	4	2	1	6	8	7
2	4	6	7	8	5	3	1	9
5	2	3	8	1	7	9	4	6
6	9	7	2	4	3	8	5	1
8	1	4	6	5	9	7	3	2
7	6	2	1	3	8	4	9	5
3	5	1	9	6	4	2	7	8
4	8	9	5	7	2	1	6	3

Solution Sudoku 60

8	5	4	3	1	6	9	2	7
1	6	2	7	8	9	3	5	4
9	3	7	2	4	5	1	6	8
2	7	5	6	9	3	4	8	1
4	8	3	5	7	1	2	9	6
6	9	1	4	2	8	7	3	5
5	4	9	8	3	7	6	1	2
3	2	8	1	6	4	5	7	9
7	1	6	9	5	2	8	4	3

Solution Sudoku 61

8	4	6	1	9	7	5	2	3
7	5	1	2	3	4	9	6	8
2	9	3	5	6	8	4	1	7
1	2	5	3	8	6	7	4	9
4	8	9	7	2	5	1	3	6
6	3	7	4	1	9	8	5	2
9	7	2	6	4	1	3	8	5
5	6	4	8	7	3	2	9	1
3	1	8	9	5	2	6	7	4

Solution Sudoku 62

5	6	4	9	3	7	1	8	2
1	9	7	8	6	2	3	5	4
8	2	3	1	4	5	6	9	7
9	4	5	3	7	1	8	2	6
2	7	6	4	5	8	9	3	1
3	1	8	6	2	9	7	4	5
6	5	2	7	9	3	4	1	8
7	3	1	2	8	4	5	6	9
4	8	9	5	1	6	2	7	3

Solution Sudoku 63

9	7	8	5	2	1	3	6	4
4	6	1	8	9	3	7	2	5
2	5	3	6	4	7	1	9	8
5	1	6	2	3	8	4	7	9
8	3	9	4	7	6	5	1	2
7	2	4	9	1	5	6	8	3
6	8	2	7	5	4	9	3	1
1	4	7	3	8	9	2	5	6
3	9	5	1	6	2	8	4	7

Solution Sudoku 64

4	6	5	1	3	2	9	7	8
8	9	1	7	5	4	3	2	6
3	2	7	6	9	8	5	1	4
7	3	6	8	1	5	2	4	9
5	8	9	2	4	7	1	6	3
1	4	2	3	6	9	8	5	7
2	7	3	4	8	1	6	9	5
9	1	8	5	7	6	4	3	2
6	5	4	9	2	3	7	8	1

Solution Sudoku 65

1	5	8	6	3	7	2	4	9
2	3	7	4	1	9	8	5	6
4	9	6	8	2	5	1	7	3
5	7	4	9	6	2	3	8	1
9	6	1	5	8	3	7	2	4
8	2	3	1	7	4	6	9	5
7	4	2	3	5	1	9	6	8
6	1	9	7	4	8	5	3	2
3	8	5	2	9	6	4	1	7

Solution Sudoku 66

1	2	6	9	7	3	8	5	4
4	7	9	1	5	8	2	3	6
3	5	8	6	4	2	7	9	1
5	9	2	8	1	6	3	4	7
6	4	1	3	2	7	9	8	5
7	8	3	4	9	5	1	6	2
2	1	4	5	8	9	6	7	3
8	3	7	2	6	4	5	1	9
9	6	5	7	3	1	4	2	8

Solution Sudoku 67

6	4	1	8	9	3	5	7	2
5	3	9	2	7	6	1	4	8
7	8	2	1	4	5	3	6	9
9	7	8	4	3	1	2	5	6
1	6	4	5	2	8	7	9	3
3	2	5	9	6	7	4	8	1
8	1	3	7	5	9	6	2	4
2	5	6	3	8	4	9	1	7
4	9	7	6	1	2	8	3	5

Solution Sudoku 68

6	5	3	2	1	9	7	8	4
1	8	2	4	7	3	6	9	5
4	9	7	6	8	5	2	3	1
9	3	5	7	2	4	1	6	8
8	7	4	1	9	6	5	2	3
2	6	1	3	5	8	4	7	9
5	2	9	8	4	7	3	1	6
3	1	8	5	6	2	9	4	7
7	4	6	9	3	1	8	5	2

Solution Sudoku 69

8	5	6	9	2	1	3	4	7
1	4	2	6	7	3	5	9	8
7	3	9	4	5	8	1	6	2
5	9	1	7	3	4	2	8	6
3	2	4	1	8	6	7	5	9
6	7	8	5	9	2	4	3	1
4	1	5	8	6	7	9	2	3
9	8	3	2	1	5	6	7	4
2	6	7	3	4	9	8	1	5

Solution Sudoku 70

4	2	3	8	7	9	5	6	1
7	1	5	4	2	6	8	3	9
8	6	9	1	5	3	7	2	4
1	3	7	2	4	5	6	9	8
2	5	4	6	9	8	1	7	3
6	9	8	7	3	1	2	4	5
9	8	1	3	6	2	4	5	7
3	4	2	5	8	7	9	1	6
5	7	6	9	1	4	3	8	2

Solution Sudoku 71

2	7	4	1	8	5	9	3	6
6	3	1	4	9	7	2	5	8
9	8	5	6	2	3	4	7	1
1	6	3	2	5	4	7	8	9
5	9	7	8	3	1	6	2	4
4	2	8	9	7	6	3	1	5
7	4	9	5	1	2	8	6	3
3	1	6	7	4	8	5	9	2
8	5	2	3	6	9	1	4	7

Solution Sudoku 72

7	2	8	3	9	5	4	6	1
5	9	1	7	6	4	8	3	2
6	3	4	1	8	2	5	9	7
4	1	2	8	3	6	7	5	9
3	6	5	4	7	9	1	2	8
8	7	9	2	5	1	6	4	3
1	8	6	9	4	3	2	7	5
9	5	7	6	2	8	3	1	4
2	4	3	5	1	7	9	8	6

Solution Sudoku 73

4	7	1	6	8	9	3	5	2
3	5	9	1	2	4	7	8	6
8	6	2	7	3	5	1	9	4
9	2	6	5	4	7	8	1	3
1	4	7	8	9	3	2	6	5
5	3	8	2	6	1	9	4	7
2	9	3	4	5	8	6	7	1
6	1	5	9	7	2	4	3	8
7	8	4	3	1	6	5	2	9

Solution Sudoku 74

5	2	8	4	3	1	7	9	6
9	3	7	8	5	6	4	2	1
1	4	6	9	2	7	3	8	5
8	1	4	6	7	9	2	5	3
3	7	9	2	8	5	6	1	4
6	5	2	3	1	4	8	7	9
4	8	1	5	6	2	9	3	7
7	9	3	1	4	8	5	6	2
2	6	5	7	9	3	1	4	8

Solution Sudoku 75

7	9	1	8	3	6	2	5	4
4	3	5	2	7	1	9	8	6
8	6	2	5	9	4	7	3	1
9	2	7	6	4	3	5	1	8
1	8	6	7	5	2	3	4	9
3	5	4	1	8	9	6	2	7
5	1	8	3	6	7	4	9	2
2	7	9	4	1	5	8	6	3
6	4	3	9	2	8	1	7	5

Solution Sudoku 76

8	6	2	5	9	4	1	7	3
7	3	9	2	8	1	4	5	6
4	5	1	3	7	6	2	8	9
9	8	5	6	2	3	7	4	1
2	7	3	4	1	8	9	6	5
1	4	6	7	5	9	3	2	8
3	2	8	9	4	5	6	1	7
5	9	7	1	6	2	8	3	4
6	1	4	8	3	7	5	9	2

Solution Sudoku 77

5	1	4	3	9	7	6	2	8
9	7	6	8	5	2	4	3	1
2	8	3	4	1	6	9	5	7
3	9	2	6	7	5	1	8	4
4	6	8	1	3	9	2	7	5
1	5	7	2	4	8	3	6	9
7	4	5	9	2	3	8	1	6
6	3	1	7	8	4	5	9	2
8	2	9	5	6	1	7	4	3

Solution Sudoku 78

5	6	2	9	3	7	1	4	8
9	3	1	8	5	4	2	7	6
4	7	8	2	6	1	3	9	5
3	4	6	1	7	5	9	8	2
7	1	9	4	2	8	6	5	3
8	2	5	3	9	6	4	1	7
6	8	4	7	1	3	5	2	9
2	5	7	6	4	9	8	3	1
1	9	3	5	8	2	7	6	4

Solution Sudoku 79

2	7	4	8	6	1	9	5	3
1	3	8	2	9	5	4	7	6
6	5	9	7	3	4	2	1	8
5	9	7	6	4	3	1	8	2
4	2	3	1	7	8	5	6	9
8	6	1	9	5	2	3	4	7
3	8	2	4	1	6	7	9	5
9	1	6	5	2	7	8	3	4
7	4	5	3	8	9	6	2	1

Solution Sudoku 80

9	6	2	3	8	7	5	1	4
3	8	4	2	1	5	6	9	7
1	5	7	9	6	4	2	8	3
6	7	5	8	4	9	1	3	2
8	1	3	7	5	2	4	6	9
4	2	9	1	3	6	7	5	8
2	3	6	4	9	1	8	7	5
7	9	1	5	2	8	3	4	6
5	4	8	6	7	3	9	2	1

Solution Sudoku 81

2	4	1	7	5	6	9	3	8
9	5	8	3	1	2	7	6	4
6	3	7	9	4	8	5	1	2
5	8	6	2	7	9	1	4	3
4	2	9	1	3	5	6	8	7
1	7	3	6	8	4	2	9	5
8	9	4	5	6	7	3	2	1
3	6	5	8	2	1	4	7	9
7	1	2	4	9	3	8	5	6

Solution Sudoku 82

8	4	7	2	6	1	5	9	3
3	2	6	5	9	4	7	1	8
5	9	1	3	8	7	2	4	6
1	5	3	7	2	9	8	6	4
7	6	4	1	3	8	9	5	2
9	8	2	4	5	6	1	3	7
4	1	8	6	7	5	3	2	9
2	7	5	9	4	3	6	8	1
6	3	9	8	1	2	4	7	5

Solution Sudoku 83

9	8	6	2	1	4	5	3	7
2	4	3	7	5	6	8	1	9
7	1	5	8	9	3	6	4	2
4	5	2	6	8	9	1	7	3
3	9	1	5	4	7	2	8	6
8	6	7	3	2	1	4	9	5
5	3	8	1	7	2	9	6	4
6	2	4	9	3	8	7	5	1
1	7	9	4	6	5	3	2	8

Solution Sudoku 84

3	2	5	8	6	7	4	9	1
6	1	8	2	4	9	7	3	5
7	9	4	3	1	5	6	8	2
9	8	1	5	3	4	2	7	6
5	6	3	1	7	2	8	4	9
2	4	7	9	8	6	1	5	3
4	3	2	6	5	8	9	1	7
8	5	6	7	9	1	3	2	4
1	7	9	4	2	3	5	6	8

Solution Sudoku 85

4	7	5	2	3	6	8	9	1
8	6	1	9	5	4	3	2	7
2	9	3	8	1	7	5	6	4
6	5	4	3	7	9	1	8	2
3	1	8	5	6	2	4	7	9
7	2	9	4	8	1	6	5	3
9	3	6	1	2	8	7	4	5
5	4	7	6	9	3	2	1	8
1	8	2	7	4	5	9	3	6

Solution Sudoku 86

7	3	9	1	2	6	4	5	8
1	8	4	3	5	9	2	6	7
5	2	6	7	4	8	1	9	3
4	1	7	2	9	5	8	3	6
3	9	2	6	8	1	5	7	4
6	5	8	4	3	7	9	1	2
8	4	5	9	6	3	7	2	1
2	6	1	5	7	4	3	8	9
9	7	3	8	1	2	6	4	5

Solution Sudoku 87

6	3	1	9	4	8	2	7	5
8	9	4	2	5	7	3	1	6
7	5	2	6	1	3	9	8	4
5	4	8	7	3	2	1	6	9
9	7	3	1	8	6	4	5	2
2	1	6	5	9	4	7	3	8
3	6	5	4	2	1	8	9	7
1	2	7	8	6	9	5	4	3
4	8	9	3	7	5	6	2	1

Solution Sudoku 88

3	2	4	9	6	8	5	7	1
8	6	1	7	5	2	3	4	9
7	5	9	3	1	4	8	6	2
1	8	2	4	7	6	9	5	3
6	7	3	5	8	9	2	1	4
4	9	5	1	2	3	6	8	7
5	3	7	6	9	1	4	2	8
2	4	6	8	3	7	1	9	5
9	1	8	2	4	5	7	3	6

Solution Sudoku 89

4	5	7	3	2	9	1	6	8
6	3	1	5	8	4	2	9	7
8	9	2	6	1	7	4	3	5
5	7	8	9	4	3	6	1	2
1	6	9	2	7	8	5	4	3
3	2	4	1	6	5	7	8	9
7	4	5	8	3	1	9	2	6
2	1	3	7	9	6	8	5	4
9	8	6	4	5	2	3	7	1

Solution Sudoku 90

3	9	7	2	6	8	4	5	1
1	8	5	3	7	4	2	9	6
6	4	2	5	1	9	7	8	3
9	1	6	4	5	7	8	3	2
5	7	8	9	3	2	1	6	4
4	2	3	6	8	1	9	7	5
7	6	4	1	9	5	3	2	8
8	5	1	7	2	3	6	4	9
2	3	9	8	4	6	5	1	7

Solution Sudoku 91

8	3	6	5	9	7	1	2	4
5	7	4	1	2	8	3	9	6
1	9	2	4	6	3	7	5	8
4	1	3	6	7	9	2	8	5
7	5	9	8	1	2	4	6	3
6	2	8	3	5	4	9	1	7
2	8	1	7	3	5	6	4	9
3	6	5	9	4	1	8	7	2
9	4	7	2	8	6	5	3	1

Solution Sudoku 92

1	8	3	4	7	2	6	9	5
6	5	4	3	8	9	2	1	7
9	2	7	1	6	5	3	8	4
2	4	5	6	3	8	1	7	9
7	1	6	9	5	4	8	2	3
8	3	9	2	1	7	5	4	6
5	7	2	8	9	6	4	3	1
3	9	8	5	4	1	7	6	2
4	6	1	7	2	3	9	5	8

Solution Sudoku 93

1	7	4	5	9	8	3	6	2
2	9	5	3	4	6	1	8	7
8	3	6	2	1	7	4	9	5
5	1	2	6	3	4	9	7	8
3	8	7	9	5	1	6	2	4
4	6	9	7	8	2	5	3	1
6	2	3	1	7	5	8	4	9
7	4	1	8	6	9	2	5	3
9	5	8	4	2	3	7	1	6

Solution Sudoku 94

6	4	9	1	2	7	3	8	5
3	2	8	5	4	6	1	9	7
1	5	7	9	3	8	2	4	6
8	9	5	7	6	2	4	3	1
2	1	6	4	5	3	9	7	8
4	7	3	8	1	9	6	5	2
5	6	2	3	8	4	7	1	9
9	8	4	6	7	1	5	2	3
7	3	1	2	9	5	8	6	4

Solution Sudoku 95

9	7	2	8	3	4	6	1	5
4	3	8	1	5	6	9	2	7
5	1	6	7	9	2	8	4	3
6	9	7	4	8	3	1	5	2
1	2	5	9	6	7	3	8	4
8	4	3	2	1	5	7	9	6
7	5	9	3	4	1	2	6	8
2	6	1	5	7	8	4	3	9
3	8	4	6	2	9	5	7	1

Solution Sudoku 96

7	4	1	2	5	8	6	9	3
3	8	5	6	9	7	2	4	1
9	2	6	1	3	4	5	8	7
2	1	8	9	7	6	3	5	4
6	7	4	3	8	5	1	2	9
5	3	9	4	2	1	7	6	8
8	9	3	7	6	2	4	1	5
4	5	2	8	1	3	9	7	6
1	6	7	5	4	9	8	3	2

Solution Sudoku 97

7	5	3	1	6	9	4	8	2
1	2	9	4	8	7	3	5	6
8	4	6	3	5	2	1	9	7
5	3	1	2	9	8	6	7	4
9	6	4	7	3	5	8	2	1
2	7	8	6	1	4	9	3	5
3	8	2	5	4	6	7	1	9
4	1	5	9	7	3	2	6	8
6	9	7	8	2	1	5	4	3

Solution Sudoku 98

8	9	2	1	4	6	5	7	3
4	1	3	5	7	2	6	9	8
6	7	5	9	3	8	4	2	1
2	8	1	7	5	4	3	6	9
3	5	4	8	6	9	2	1	7
7	6	9	2	1	3	8	5	4
5	4	6	3	9	1	7	8	2
9	3	8	6	2	7	1	4	5
1	2	7	4	8	5	9	3	6

Solution Sudoku 99

3	7	9	2	8	5	4	1	6
5	4	8	1	6	7	9	2	3
6	2	1	9	4	3	8	5	7
4	8	3	5	9	1	7	6	2
9	5	7	4	2	6	1	3	8
2	1	6	3	7	8	5	9	4
1	6	5	7	3	4	2	8	9
7	3	2	8	5	9	6	4	1
8	9	4	6	1	2	3	7	5

Solution Sudoku 100

9	7	5	8	4	1	6	2	3
1	4	3	2	9	6	5	8	7
6	8	2	7	5	3	1	9	4
5	6	1	3	8	2	7	4	9
7	2	9	1	6	4	3	5	8
8	3	4	5	7	9	2	1	6
2	1	6	9	3	8	4	7	5
3	5	8	4	1	7	9	6	2
4	9	7	6	2	5	8	3	1

Solution Sudoku 101

4	2	8	7	3	1	6	5	9
3	5	6	9	8	2	7	1	4
1	7	9	4	6	5	3	8	2
6	1	2	3	4	9	5	7	8
7	8	4	5	1	6	2	9	3
9	3	5	8	2	7	1	4	6
8	6	3	1	7	4	9	2	5
5	4	7	2	9	3	8	6	1
2	9	1	6	5	8	4	3	7

Solution Sudoku 102

2	6	8	3	4	5	7	9	1
3	5	4	1	9	7	6	2	8
1	9	7	6	8	2	5	3	4
6	7	1	2	5	8	3	4	9
5	8	3	9	1	4	2	6	7
9	4	2	7	6	3	1	8	5
4	1	6	5	3	9	8	7	2
7	3	9	8	2	1	4	5	6
8	2	5	4	7	6	9	1	3

Solution Sudoku 103

4	3	6	8	1	9	5	7	2
2	8	7	4	3	5	1	6	9
9	1	5	6	7	2	4	3	8
8	7	2	9	6	4	3	1	5
6	4	9	3	5	1	8	2	7
1	5	3	7	2	8	6	9	4
5	6	4	2	9	3	7	8	1
7	2	1	5	8	6	9	4	3
3	9	8	1	4	7	2	5	6

Solution Sudoku 104

5	9	8	1	6	3	2	4	7
3	1	7	4	2	8	6	5	9
2	4	6	9	7	5	1	3	8
1	2	3	7	8	9	4	6	5
4	7	5	2	3	6	9	8	1
8	6	9	5	4	1	3	7	2
7	3	4	8	9	2	5	1	6
9	8	1	6	5	4	7	2	3
6	5	2	3	1	7	8	9	4

Solution Sudoku 105

9	1	6	3	8	5	4	7	2
3	5	8	7	2	4	6	1	9
2	4	7	1	9	6	5	3	8
4	3	2	9	5	8	7	6	1
1	7	9	4	6	3	8	2	5
8	6	5	2	7	1	9	4	3
7	2	4	8	3	9	1	5	6
6	8	3	5	1	7	2	9	4
5	9	1	6	4	2	3	8	7

Solution Sudoku 106

1	7	5	4	9	2	8	3	6
3	9	6	8	7	1	5	4	2
2	4	8	3	6	5	9	1	7
8	3	4	6	5	9	7	2	1
9	2	7	1	4	8	6	5	3
6	5	1	7	2	3	4	9	8
5	6	2	9	3	7	1	8	4
7	1	3	5	8	4	2	6	9
4	8	9	2	1	6	3	7	5

Solution Sudoku 107

2	7	8	6	4	3	9	1	5
3	4	9	5	8	1	6	7	2
6	5	1	2	9	7	8	3	4
5	1	6	3	2	4	7	8	9
8	2	3	1	7	9	5	4	6
4	9	7	8	6	5	3	2	1
1	3	2	9	5	8	4	6	7
9	6	4	7	3	2	1	5	8
7	8	5	4	1	6	2	9	3

Solution Sudoku 108

5	2	7	1	8	4	3	6	9
9	6	4	2	7	3	1	8	5
3	1	8	9	6	5	2	7	4
1	8	9	5	2	7	6	4	3
4	3	2	8	9	6	7	5	1
6	7	5	4	3	1	9	2	8
8	9	6	3	5	2	4	1	7
7	5	1	6	4	9	8	3	2
2	4	3	7	1	8	5	9	6

Solution Sudoku 109

8	6	7	1	5	2	9	3	4
9	4	5	8	6	3	7	1	2
1	2	3	4	7	9	5	6	8
7	8	6	2	1	4	3	5	9
2	5	1	3	9	7	8	4	6
3	9	4	6	8	5	2	7	1
5	7	2	9	4	6	1	8	3
4	3	8	5	2	1	6	9	7
6	1	9	7	3	8	4	2	5

Solution Sudoku 110

8	5	9	3	4	6	1	7	2
3	1	2	5	7	9	6	8	4
4	6	7	2	1	8	5	9	3
7	3	5	6	8	2	4	1	9
1	9	6	4	3	7	2	5	8
2	4	8	1	9	5	3	6	7
5	8	4	9	6	3	7	2	1
9	2	1	7	5	4	8	3	6
6	7	3	8	2	1	9	4	5

Solution Sudoku 111

4	2	8	6	3	9	1	5	7
9	3	1	5	8	7	4	6	2
6	7	5	1	2	4	9	8	3
5	9	3	2	7	6	8	1	4
8	1	2	4	9	5	7	3	6
7	6	4	8	1	3	2	9	5
1	4	6	7	5	8	3	2	9
3	8	7	9	6	2	5	4	1
2	5	9	3	4	1	6	7	8

Solution Sudoku 112

8	6	1	5	2	4	3	9	7
2	5	7	1	9	3	6	8	4
3	9	4	6	7	8	5	2	1
5	8	2	3	4	6	7	1	9
9	7	6	2	5	1	4	3	8
1	4	3	9	8	7	2	6	5
4	3	5	8	1	2	9	7	6
6	1	9	7	3	5	8	4	2
7	2	8	4	6	9	1	5	3

Solution Sudoku 113

3	4	9	1	2	5	7	8	6
2	1	7	6	9	8	5	4	3
5	8	6	4	3	7	1	9	2
1	5	3	7	4	6	9	2	8
8	6	2	5	1	9	4	3	7
9	7	4	2	8	3	6	5	1
7	9	1	3	5	2	8	6	4
4	2	5	8	6	1	3	7	9
6	3	8	9	7	4	2	1	5

Solution Sudoku 114

6	9	2	4	8	5	3	1	7
8	5	7	9	3	1	4	6	2
3	4	1	6	7	2	5	9	8
1	2	9	8	4	3	7	5	6
7	6	3	5	1	9	8	2	4
4	8	5	2	6	7	1	3	9
2	1	6	7	5	4	9	8	3
5	7	8	3	9	6	2	4	1
9	3	4	1	2	8	6	7	5

Solution Sudoku 115

4	9	3	7	8	6	2	5	1
2	8	5	4	1	3	7	6	9
7	6	1	5	9	2	8	4	3
1	3	6	8	7	4	9	2	5
8	7	2	6	5	9	1	3	4
5	4	9	3	2	1	6	8	7
3	5	8	9	6	7	4	1	2
9	2	4	1	3	8	5	7	6
6	1	7	2	4	5	3	9	8

Solution Sudoku 116

5	3	1	6	7	2	8	9	4
9	8	7	5	4	1	6	3	2
2	6	4	8	3	9	7	5	1
4	7	2	9	6	3	1	8	5
6	5	9	1	8	7	4	2	3
3	1	8	2	5	4	9	7	6
7	9	6	4	2	5	3	1	8
8	2	3	7	1	6	5	4	9
1	4	5	3	9	8	2	6	7

Solution Sudoku 117

3	8	5	6	9	1	7	4	2
7	4	9	2	3	5	8	6	1
6	2	1	8	4	7	3	9	5
5	3	2	4	6	8	1	7	9
8	9	7	1	5	2	4	3	6
4	1	6	9	7	3	2	5	8
9	5	8	3	2	4	6	1	7
1	6	3	7	8	9	5	2	4
2	7	4	5	1	6	9	8	3

Solution Sudoku 118

2	4	1	5	8	9	7	6	3
7	3	6	1	4	2	8	5	9
5	8	9	7	6	3	1	4	2
4	6	3	2	1	5	9	7	8
1	7	5	4	9	8	3	2	6
9	2	8	3	7	6	5	1	4
6	1	7	8	3	4	2	9	5
8	5	4	9	2	7	6	3	1
3	9	2	6	5	1	4	8	7

Solution Sudoku 119

8	4	2	6	1	9	3	5	7
9	7	1	5	3	4	6	8	2
5	6	3	2	7	8	1	4	9
1	5	4	9	6	2	8	7	3
3	2	6	8	4	7	9	1	5
7	8	9	3	5	1	4	2	6
4	9	5	7	8	6	2	3	1
6	1	7	4	2	3	5	9	8
2	3	8	1	9	5	7	6	4

Solution Sudoku 120

6	2	7	8	9	4	5	3	1
8	3	4	5	1	2	6	9	7
5	1	9	3	6	7	2	4	8
7	6	1	4	5	9	8	2	3
4	8	5	2	3	1	7	6	9
2	9	3	7	8	6	4	1	5
9	5	8	6	2	3	1	7	4
1	4	2	9	7	5	3	8	6
3	7	6	1	4	8	9	5	2

Solution Sudoku 121

4	5	8	7	3	9	1	6	2
3	9	7	2	6	1	4	8	5
2	1	6	8	5	4	9	3	7
1	4	9	6	8	7	5	2	3
7	6	5	9	2	3	8	1	4
8	3	2	4	1	5	6	7	9
6	7	3	5	4	8	2	9	1
9	2	4	1	7	6	3	5	8
5	8	1	3	9	2	7	4	6

Solution Sudoku 122

9	4	1	7	8	5	3	2	6
8	7	3	2	9	6	1	5	4
2	5	6	3	4	1	9	8	7
1	8	4	5	3	9	6	7	2
6	3	5	1	2	7	4	9	8
7	2	9	8	6	4	5	3	1
4	9	8	6	7	3	2	1	5
3	1	2	4	5	8	7	6	9
5	6	7	9	1	2	8	4	3

Solution Sudoku 123

6	5	4	2	7	8	9	3	1
7	1	3	4	6	9	5	8	2
8	9	2	5	3	1	4	6	7
5	2	9	7	8	6	1	4	3
3	7	6	9	1	4	2	5	8
4	8	1	3	2	5	6	7	9
9	4	7	1	5	3	8	2	6
1	3	8	6	4	2	7	9	5
2	6	5	8	9	7	3	1	4

Solution Sudoku 124

1	7	8	4	9	3	6	5	2
9	2	3	8	5	6	7	4	1
6	5	4	1	2	7	8	3	9
4	9	6	3	1	8	5	2	7
5	3	7	9	6	2	1	8	4
2	8	1	5	7	4	3	9	6
3	6	9	7	4	5	2	1	8
8	1	2	6	3	9	4	7	5
7	4	5	2	8	1	9	6	3

Solution Sudoku 125

3	6	4	1	7	2	9	8	5
1	8	7	9	3	5	2	4	6
2	5	9	4	8	6	3	1	7
6	7	3	8	1	4	5	9	2
8	1	5	2	6	9	7	3	4
4	9	2	3	5	7	1	6	8
9	2	6	7	4	3	8	5	1
5	3	1	6	2	8	4	7	9
7	4	8	5	9	1	6	2	3

Solution Sudoku 126

4	6	8	5	7	1	2	9	3
3	2	5	9	6	8	7	4	1
1	9	7	4	3	2	8	5	6
2	3	6	1	8	4	5	7	9
8	7	9	3	2	5	1	6	4
5	4	1	7	9	6	3	8	2
7	8	2	6	1	9	4	3	5
6	5	3	2	4	7	9	1	8
9	1	4	8	5	3	6	2	7

Solution Sudoku 127

3	5	9	2	7	4	6	8	1
1	6	4	8	5	3	2	7	9
2	8	7	1	6	9	3	5	4
7	4	6	3	8	2	1	9	5
9	1	5	7	4	6	8	3	2
8	3	2	5	9	1	4	6	7
4	9	1	6	3	7	5	2	8
5	2	3	9	1	8	7	4	6
6	7	8	4	2	5	9	1	3

Solution Sudoku 128

1	6	4	9	5	7	2	3	8
5	8	2	4	6	3	1	7	9
3	7	9	8	1	2	4	5	6
8	9	5	2	7	6	3	1	4
4	2	3	1	8	9	5	6	7
7	1	6	5	3	4	8	9	2
9	5	7	3	4	8	6	2	1
2	4	1	6	9	5	7	8	3
6	3	8	7	2	1	9	4	5

Solution Sudoku 129

4	9	8	6	7	5	3	1	2
2	1	6	8	4	3	7	9	5
3	7	5	2	9	1	6	4	8
5	4	9	1	2	6	8	7	3
8	6	2	7	3	9	1	5	4
1	3	7	5	8	4	2	6	9
9	2	4	3	1	7	5	8	6
6	8	1	9	5	2	4	3	7
7	5	3	4	6	8	9	2	1

Solution Sudoku 130

8	7	1	5	6	4	2	9	3
6	9	3	1	7	2	4	5	8
5	2	4	8	9	3	1	6	7
4	1	6	7	5	9	8	3	2
7	5	2	3	4	8	6	1	9
9	3	8	2	1	6	5	7	4
1	4	5	9	8	7	3	2	6
2	8	7	6	3	5	9	4	1
3	6	9	4	2	1	7	8	5

Solution Sudoku 131

6	4	8	7	5	1	2	9	3
2	5	7	9	8	3	6	1	4
3	9	1	6	4	2	8	5	7
9	8	6	3	7	4	1	2	5
1	7	4	2	6	5	9	3	8
5	3	2	8	1	9	7	4	6
4	6	5	1	2	8	3	7	9
8	1	9	5	3	7	4	6	2
7	2	3	4	9	6	5	8	1

Solution Sudoku 132

3	1	7	4	2	9	6	8	5
6	2	5	3	8	1	4	9	7
4	8	9	7	5	6	1	3	2
9	3	1	6	7	4	2	5	8
7	6	8	2	9	5	3	1	4
2	5	4	1	3	8	7	6	9
1	9	6	5	4	7	8	2	3
5	7	2	8	1	3	9	4	6
8	4	3	9	6	2	5	7	1

Solution Sudoku 133

6	4	3	2	7	1	9	8	5
9	8	5	3	4	6	2	7	1
7	1	2	9	8	5	6	4	3
8	2	1	6	5	7	3	9	4
4	3	6	8	2	9	1	5	7
5	9	7	1	3	4	8	6	2
1	7	9	5	6	3	4	2	8
3	5	8	4	9	2	7	1	6
2	6	4	7	1	8	5	3	9

Solution Sudoku 134

6	8	3	1	4	2	7	5	9
9	7	2	8	3	5	1	6	4
1	4	5	9	7	6	2	3	8
4	2	6	7	5	8	9	1	3
8	5	7	3	1	9	4	2	6
3	9	1	2	6	4	5	8	7
2	6	4	5	8	7	3	9	1
5	1	8	4	9	3	6	7	2
7	3	9	6	2	1	8	4	5

Solution Sudoku 135

7	1	8	2	6	9	4	3	5
4	9	5	3	7	8	6	2	1
6	2	3	5	1	4	7	9	8
5	6	1	7	4	3	9	8	2
9	4	7	8	2	1	3	5	6
3	8	2	6	9	5	1	4	7
8	7	9	1	3	2	5	6	4
1	5	4	9	8	6	2	7	3
2	3	6	4	5	7	8	1	9

Solution Sudoku 136

7	8	5	6	4	2	9	1	3
2	3	4	1	8	9	5	6	7
6	1	9	7	3	5	4	2	8
9	4	7	2	6	1	3	8	5
8	2	3	5	9	4	6	7	1
1	5	6	3	7	8	2	9	4
4	7	8	9	5	6	1	3	2
5	6	2	8	1	3	7	4	9
3	9	1	4	2	7	8	5	6

Solution Sudoku 137

1	7	4	5	9	2	8	6	3
6	3	5	4	7	8	9	1	2
2	8	9	1	3	6	7	5	4
5	1	8	6	4	3	2	9	7
4	2	6	9	1	7	3	8	5
3	9	7	8	2	5	1	4	6
7	5	1	2	6	9	4	3	8
9	6	2	3	8	4	5	7	1
8	4	3	7	5	1	6	2	9

Solution Sudoku 138

4	9	5	6	8	3	1	7	2
3	2	8	1	5	7	9	4	6
6	1	7	4	9	2	8	3	5
8	4	3	7	6	9	2	5	1
5	7	9	2	1	8	4	6	3
2	6	1	3	4	5	7	9	8
7	8	2	9	3	6	5	1	4
1	5	6	8	7	4	3	2	9
9	3	4	5	2	1	6	8	7

Solution Sudoku 139

7	9	2	1	5	3	6	4	8
3	5	6	9	8	4	2	7	1
8	1	4	7	2	6	5	3	9
9	4	5	2	1	7	8	6	3
1	6	3	8	4	9	7	5	2
2	8	7	3	6	5	1	9	4
5	2	9	6	3	1	4	8	7
6	7	8	4	9	2	3	1	5
4	3	1	5	7	8	9	2	6

Solution Sudoku 140

2	7	3	5	6	1	4	8	9
4	1	6	8	3	9	2	7	5
8	9	5	7	2	4	6	3	1
9	3	2	6	1	7	8	5	4
5	4	1	9	8	2	3	6	7
7	6	8	4	5	3	1	9	2
6	5	4	1	9	8	7	2	3
3	8	7	2	4	5	9	1	6
1	2	9	3	7	6	5	4	8

Solution Sudoku 141

6	7	3	9	4	8	1	2	5
9	2	4	3	5	1	6	8	7
8	1	5	7	6	2	4	3	9
5	4	7	1	8	6	3	9	2
1	9	2	4	3	5	8	7	6
3	8	6	2	7	9	5	1	4
7	3	1	6	9	4	2	5	8
4	5	9	8	2	3	7	6	1
2	6	8	5	1	7	9	4	3

Solution Sudoku 142

5	3	4	6	9	8	2	1	7
7	6	9	3	2	1	4	5	8
1	2	8	4	7	5	6	3	9
6	1	3	2	4	9	8	7	5
8	4	7	5	1	6	3	9	2
9	5	2	8	3	7	1	4	6
4	9	6	7	8	3	5	2	1
3	8	1	9	5	2	7	6	4
2	7	5	1	6	4	9	8	3

Solution Sudoku 143

6	5	4	9	8	1	7	2	3
2	7	3	5	4	6	1	9	8
8	9	1	2	3	7	5	4	6
3	6	8	7	5	9	2	1	4
9	2	5	1	6	4	8	3	7
1	4	7	8	2	3	9	6	5
5	3	2	6	9	8	4	7	1
4	1	9	3	7	5	6	8	2
7	8	6	4	1	2	3	5	9

Solution Sudoku 144

5	3	9	1	2	4	8	7	6
4	8	1	7	3	6	5	9	2
2	6	7	5	8	9	3	4	1
1	7	8	4	6	2	9	3	5
9	2	3	8	7	5	1	6	4
6	5	4	3	9	1	2	8	7
3	9	5	2	4	7	6	1	8
7	1	6	9	5	8	4	2	3
8	4	2	6	1	3	7	5	9

Solution Sudoku 145

8	4	9	2	5	7	1	6	3
2	5	3	1	6	8	9	7	4
6	1	7	3	4	9	8	2	5
4	9	6	7	8	1	3	5	2
3	7	8	4	2	5	6	1	9
5	2	1	9	3	6	7	4	8
1	3	5	8	7	2	4	9	6
7	6	4	5	9	3	2	8	1
9	8	2	6	1	4	5	3	7

Solution Sudoku 146

9	4	1	7	3	8	2	5	6
7	8	5	6	1	2	3	4	9
6	2	3	5	4	9	7	8	1
8	9	4	3	7	6	5	1	2
2	1	6	9	5	4	8	7	3
5	3	7	2	8	1	9	6	4
4	5	9	8	6	3	1	2	7
3	6	8	1	2	7	4	9	5
1	7	2	4	9	5	6	3	8

Solution Sudoku 147

5	8	1	7	9	3	6	2	4
7	3	6	4	2	1	5	8	9
2	9	4	5	8	6	7	3	1
4	7	3	2	5	8	9	1	6
6	1	8	3	7	9	4	5	2
9	5	2	1	6	4	8	7	3
3	2	9	8	4	5	1	6	7
8	6	7	9	1	2	3	4	5
1	4	5	6	3	7	2	9	8

Solution Sudoku 148

2	7	5	1	8	6	9	4	3
1	9	3	4	2	5	8	6	7
6	4	8	3	9	7	1	2	5
5	8	1	9	6	3	2	7	4
4	2	9	5	7	8	3	1	6
3	6	7	2	4	1	5	9	8
9	3	2	6	5	4	7	8	1
7	5	6	8	1	2	4	3	9
8	1	4	7	3	9	6	5	2

Solution Sudoku 149

1	6	7	4	9	8	5	3	2
5	4	2	1	7	3	8	9	6
9	8	3	5	2	6	1	4	7
6	7	5	3	4	2	9	1	8
8	2	1	6	5	9	4	7	3
4	3	9	8	1	7	6	2	5
2	5	8	9	3	1	7	6	4
3	1	4	7	6	5	2	8	9
7	9	6	2	8	4	3	5	1

Solution Sudoku 150

4	2	5	6	3	8	7	1	9
1	7	6	2	9	5	4	3	8
8	9	3	4	1	7	6	2	5
5	6	4	1	8	3	9	7	2
3	1	2	7	4	9	8	5	6
9	8	7	5	2	6	1	4	3
2	5	9	8	7	1	3	6	4
7	4	8	3	6	2	5	9	1
6	3	1	9	5	4	2	8	7

Solution Sudoku 151

7	2	4	9	3	8	5	1	6
6	5	8	2	1	4	9	3	7
3	1	9	6	5	7	2	8	4
1	4	2	7	9	3	8	6	5
9	3	7	8	6	5	1	4	2
8	6	5	1	4	2	3	7	9
4	9	1	3	2	6	7	5	8
2	7	6	5	8	1	4	9	3
5	8	3	4	7	9	6	2	1

Solution Sudoku 152

7	9	2	1	8	6	5	4	3
5	6	4	3	2	9	1	8	7
3	1	8	5	7	4	6	2	9
4	5	6	8	9	2	7	3	1
8	2	9	7	1	3	4	6	5
1	7	3	4	6	5	2	9	8
9	4	7	6	5	8	3	1	2
6	8	1	2	3	7	9	5	4
2	3	5	9	4	1	8	7	6

Solution Sudoku 153

2	4	9	7	6	3	1	8	5
6	3	7	8	1	5	2	4	9
5	8	1	9	4	2	7	6	3
4	7	3	2	8	9	6	5	1
1	2	8	5	7	6	9	3	4
9	6	5	1	3	4	8	2	7
3	1	2	6	5	7	4	9	8
7	9	4	3	2	8	5	1	6
8	5	6	4	9	1	3	7	2

Solution Sudoku 154

8	9	4	1	2	5	3	6	7
3	1	5	7	6	9	4	8	2
7	6	2	8	3	4	1	9	5
2	4	9	6	1	3	7	5	8
5	7	1	4	8	2	6	3	9
6	3	8	9	5	7	2	4	1
4	8	7	3	9	1	5	2	6
1	2	6	5	4	8	9	7	3
9	5	3	2	7	6	8	1	4

Solution Sudoku 155

8	2	4	1	6	9	5	7	3
7	1	3	5	2	8	6	9	4
9	5	6	4	7	3	2	8	1
4	6	9	8	1	5	7	3	2
5	7	1	9	3	2	8	4	6
3	8	2	7	4	6	1	5	9
2	4	8	6	9	7	3	1	5
6	9	5	3	8	1	4	2	7
1	3	7	2	5	4	9	6	8

Solution Sudoku 156

6	2	1	9	8	7	5	4	3
9	4	3	1	5	6	8	2	7
7	5	8	3	4	2	1	9	6
5	9	7	4	2	3	6	8	1
1	3	6	8	7	9	2	5	4
4	8	2	5	6	1	7	3	9
3	6	9	2	1	8	4	7	5
8	7	4	6	9	5	3	1	2
2	1	5	7	3	4	9	6	8

Solution Sudoku 157

8	7	1	6	9	4	2	5	3
6	3	2	7	1	5	8	4	9
4	9	5	8	3	2	7	6	1
5	4	3	2	6	7	9	1	8
7	8	6	9	5	1	3	2	4
1	2	9	3	4	8	6	7	5
3	5	8	1	2	6	4	9	7
2	1	7	4	8	9	5	3	6
9	6	4	5	7	3	1	8	2

Solution Sudoku 158

6	9	5	1	4	7	3	2	8
7	8	3	2	6	5	1	4	9
4	2	1	8	3	9	7	6	5
5	7	6	3	8	4	2	9	1
3	4	9	5	2	1	8	7	6
2	1	8	9	7	6	4	5	3
9	5	2	7	1	8	6	3	4
1	3	4	6	5	2	9	8	7
8	6	7	4	9	3	5	1	2

Solution Sudoku 159

1	7	8	2	3	4	5	9	6
9	2	6	7	5	8	4	3	1
5	3	4	1	9	6	8	2	7
6	9	5	4	1	3	7	8	2
4	1	2	9	8	7	6	5	3
3	8	7	6	2	5	9	1	4
8	6	3	5	7	2	1	4	9
2	4	1	8	6	9	3	7	5
7	5	9	3	4	1	2	6	8

Solution Sudoku 160

7	1	3	6	5	9	8	2	4
5	2	9	4	8	7	3	1	6
4	8	6	3	1	2	7	9	5
3	4	5	8	9	1	6	7	2
1	6	2	5	7	4	9	8	3
9	7	8	2	6	3	4	5	1
8	3	4	9	2	5	1	6	7
6	5	1	7	3	8	2	4	9
2	9	7	1	4	6	5	3	8

Solution Sudoku 161

5	8	1	4	7	2	6	9	3
4	9	3	8	6	1	5	7	2
7	6	2	3	9	5	8	1	4
2	7	4	5	8	6	1	3	9
3	1	6	9	4	7	2	5	8
9	5	8	1	2	3	4	6	7
6	3	7	2	1	4	9	8	5
8	4	5	6	3	9	7	2	1
1	2	9	7	5	8	3	4	6

Solution Sudoku 162

9	4	6	5	8	1	3	2	7
7	8	5	3	9	2	1	4	6
3	1	2	4	7	6	8	5	9
6	2	8	9	5	7	4	1	3
5	7	4	1	6	3	2	9	8
1	3	9	8	2	4	6	7	5
8	5	3	2	4	9	7	6	1
2	6	1	7	3	5	9	8	4
4	9	7	6	1	8	5	3	2

Solution Sudoku 163

2	9	8	7	3	6	5	4	1
5	1	3	2	4	8	6	7	9
7	4	6	1	9	5	3	8	2
1	3	2	4	5	7	8	9	6
9	5	4	8	6	2	7	1	3
8	6	7	3	1	9	2	5	4
3	7	5	9	2	1	4	6	8
4	8	9	6	7	3	1	2	5
6	2	1	5	8	4	9	3	7

Solution Sudoku 164

6	1	8	2	4	7	9	5	3
3	4	7	6	5	9	8	2	1
9	5	2	1	8	3	6	7	4
1	3	6	8	7	4	5	9	2
8	2	9	3	1	5	7	4	6
4	7	5	9	2	6	3	1	8
2	6	3	7	9	1	4	8	5
5	9	1	4	6	8	2	3	7
7	8	4	5	3	2	1	6	9

Solution Sudoku 165

5	3	4	7	2	6	8	9	1
2	6	9	1	8	4	7	5	3
7	8	1	3	9	5	2	4	6
4	9	3	8	7	1	6	2	5
8	5	7	6	4	2	1	3	9
6	1	2	5	3	9	4	7	8
9	2	8	4	1	3	5	6	7
3	7	6	2	5	8	9	1	4
1	4	5	9	6	7	3	8	2

Solution Sudoku 166

3	1	9	8	4	6	2	5	7
5	2	4	7	1	9	3	6	8
6	7	8	3	5	2	1	9	4
1	5	2	9	6	8	4	7	3
8	9	3	5	7	4	6	2	1
7	4	6	1	2	3	9	8	5
9	8	1	2	3	7	5	4	6
2	6	5	4	8	1	7	3	9
4	3	7	6	9	5	8	1	2

Solution Sudoku 167

1	3	8	4	5	7	6	2	9
2	6	5	1	9	3	7	4	8
9	4	7	8	2	6	3	1	5
4	1	9	5	7	8	2	3	6
8	2	6	3	1	4	9	5	7
7	5	3	2	6	9	1	8	4
3	7	2	9	8	5	4	6	1
5	9	4	6	3	1	8	7	2
6	8	1	7	4	2	5	9	3

Solution Sudoku 168

1	7	5	9	2	4	3	8	6
2	8	3	1	6	5	7	9	4
9	4	6	3	7	8	1	2	5
6	3	8	7	1	2	4	5	9
4	1	9	6	5	3	2	7	8
5	2	7	4	8	9	6	3	1
8	9	4	2	3	1	5	6	7
7	5	2	8	4	6	9	1	3
3	6	1	5	9	7	8	4	2

Solution Sudoku 169

6	7	3	4	5	2	8	9	1
8	9	4	6	1	3	2	7	5
2	1	5	7	9	8	6	3	4
1	3	8	2	4	5	7	6	9
7	5	9	8	3	6	4	1	2
4	6	2	1	7	9	3	5	8
3	2	1	9	6	4	5	8	7
9	4	6	5	8	7	1	2	3
5	8	7	3	2	1	9	4	6

Solution Sudoku 170

7	9	3	6	8	1	5	4	2
1	2	5	4	7	9	6	8	3
6	8	4	2	5	3	9	7	1
4	7	8	1	2	6	3	5	9
9	1	2	5	3	4	8	6	7
5	3	6	8	9	7	2	1	4
8	4	9	7	6	2	1	3	5
2	6	7	3	1	5	4	9	8
3	5	1	9	4	8	7	2	6

Solution Sudoku 171

9	5	1	7	6	2	3	4	8
2	4	6	8	1	3	7	5	9
7	3	8	5	9	4	1	2	6
5	1	4	2	8	6	9	7	3
8	9	7	3	4	1	2	6	5
3	6	2	9	7	5	8	1	4
1	7	5	6	3	9	4	8	2
4	2	9	1	5	8	6	3	7
6	8	3	4	2	7	5	9	1

Solution Sudoku 172

9	1	6	2	4	8	3	5	7
4	3	7	5	1	6	8	9	2
8	2	5	7	3	9	4	1	6
3	8	9	1	6	5	2	7	4
2	7	1	3	8	4	5	6	9
6	5	4	9	2	7	1	3	8
5	4	8	6	7	1	9	2	3
7	9	2	8	5	3	6	4	1
1	6	3	4	9	2	7	8	5

Solution Sudoku 173

8	2	6	4	3	7	5	9	1
5	9	7	6	1	8	3	2	4
4	1	3	2	5	9	8	6	7
6	7	8	1	9	5	2	4	3
2	3	5	8	7	4	6	1	9
1	4	9	3	2	6	7	8	5
7	5	2	9	8	1	4	3	6
3	6	1	5	4	2	9	7	8
9	8	4	7	6	3	1	5	2

Solution Sudoku 174

7	8	5	6	9	4	3	1	2
6	1	3	2	7	8	4	5	9
9	4	2	3	5	1	8	6	7
3	7	6	4	2	9	5	8	1
4	9	1	7	8	5	2	3	6
5	2	8	1	3	6	9	7	4
8	6	4	9	1	3	7	2	5
1	5	7	8	4	2	6	9	3
2	3	9	5	6	7	1	4	8

Solution Sudoku 175

9	1	6	2	4	5	7	3	8
5	7	2	3	8	1	4	9	6
8	3	4	7	6	9	1	5	2
3	2	1	4	5	6	8	7	9
7	6	5	9	3	8	2	4	1
4	8	9	1	7	2	5	6	3
2	9	7	6	1	4	3	8	5
6	4	8	5	2	3	9	1	7
1	5	3	8	9	7	6	2	4

Solution Sudoku 176

4	1	6	7	3	8	9	5	2
5	3	9	6	4	2	8	1	7
8	7	2	9	5	1	3	6	4
6	2	4	8	9	5	1	7	3
7	8	1	3	2	6	4	9	5
9	5	3	4	1	7	6	2	8
3	6	5	1	7	4	2	8	9
1	4	7	2	8	9	5	3	6
2	9	8	5	6	3	7	4	1

Solution Sudoku 177

2	1	8	7	3	5	9	6	4
4	7	5	6	8	9	1	2	3
9	3	6	1	2	4	7	8	5
8	9	2	3	1	6	5	4	7
1	5	4	2	9	7	8	3	6
3	6	7	4	5	8	2	9	1
7	2	3	8	4	1	6	5	9
5	4	1	9	6	2	3	7	8
6	8	9	5	7	3	4	1	2

Solution Sudoku 178

8	1	5	3	4	7	6	9	2
2	9	4	5	6	1	3	8	7
6	7	3	8	2	9	1	4	5
1	5	7	9	8	6	2	3	4
3	2	8	4	1	5	7	6	9
9	4	6	7	3	2	5	1	8
7	3	9	6	5	4	8	2	1
4	8	1	2	7	3	9	5	6
5	6	2	1	9	8	4	7	3

Solution Sudoku 179

9	8	1	3	5	6	4	7	2
6	4	5	7	1	2	9	3	8
3	2	7	4	8	9	1	5	6
4	3	2	6	7	1	5	8	9
5	1	6	2	9	8	7	4	3
7	9	8	5	4	3	6	2	1
8	5	3	9	6	7	2	1	4
1	7	9	8	2	4	3	6	5
2	6	4	1	3	5	8	9	7

Solution Sudoku 180

2	8	1	5	6	9	4	3	7
7	9	4	1	8	3	6	2	5
5	6	3	7	2	4	1	9	8
1	3	5	2	4	8	7	6	9
6	2	8	9	7	5	3	4	1
9	4	7	3	1	6	5	8	2
8	1	6	4	9	7	2	5	3
3	7	9	6	5	2	8	1	4
4	5	2	8	3	1	9	7	6

Solution Sudoku 181

2	3	5	4	9	6	7	8	1
9	8	6	7	1	5	3	2	4
4	7	1	8	2	3	5	6	9
6	1	2	5	3	8	4	9	7
3	4	7	9	6	2	1	5	8
8	5	9	1	7	4	2	3	6
5	2	4	6	8	1	9	7	3
7	6	3	2	4	9	8	1	5
1	9	8	3	5	7	6	4	2

Solution Sudoku 182

9	6	1	3	8	7	4	2	5
7	4	2	1	9	5	8	6	3
3	5	8	4	2	6	7	9	1
5	9	6	2	1	4	3	7	8
1	3	7	8	6	9	5	4	2
8	2	4	7	5	3	9	1	6
6	8	5	9	4	2	1	3	7
2	7	9	5	3	1	6	8	4
4	1	3	6	7	8	2	5	9

Solution Sudoku 183

2	3	6	5	1	7	8	4	9
4	1	8	2	9	6	7	5	3
9	5	7	4	3	8	1	2	6
1	2	4	3	7	9	6	8	5
3	8	5	6	2	1	9	7	4
7	6	9	8	4	5	3	1	2
6	7	3	1	5	4	2	9	8
8	4	1	9	6	2	5	3	7
5	9	2	7	8	3	4	6	1

Solution Sudoku 184

5	4	3	7	8	6	1	2	9
8	7	1	2	9	3	5	4	6
6	2	9	4	1	5	3	7	8
7	8	6	5	3	1	4	9	2
3	9	4	8	2	7	6	5	1
2	1	5	6	4	9	7	8	3
4	6	2	3	7	8	9	1	5
1	3	7	9	5	2	8	6	4
9	5	8	1	6	4	2	3	7

Solution Sudoku 185

4	1	5	6	8	3	2	9	7
8	9	3	2	4	7	5	6	1
2	7	6	9	5	1	8	3	4
6	3	8	1	7	4	9	2	5
5	4	9	8	3	2	1	7	6
1	2	7	5	9	6	4	8	3
9	5	4	3	6	8	7	1	2
3	8	2	7	1	5	6	4	9
7	6	1	4	2	9	3	5	8

Solution Sudoku 186

9	3	8	5	6	4	2	1	7
7	4	2	1	3	8	6	9	5
5	1	6	2	7	9	3	8	4
4	7	5	9	2	3	1	6	8
3	8	9	6	5	1	4	7	2
6	2	1	8	4	7	5	3	9
8	9	3	4	1	2	7	5	6
1	5	4	7	9	6	8	2	3
2	6	7	3	8	5	9	4	1

Solution Sudoku 187

6	1	4	8	2	9	7	3	5
5	9	2	3	4	7	1	8	6
8	3	7	6	5	1	4	9	2
1	8	9	4	3	5	2	6	7
2	4	3	7	6	8	5	1	9
7	6	5	1	9	2	8	4	3
3	2	8	5	1	6	9	7	4
4	5	1	9	7	3	6	2	8
9	7	6	2	8	4	3	5	1

Solution Sudoku 188

9	5	2	1	8	7	3	6	4
7	6	8	2	4	3	9	5	1
3	4	1	5	9	6	8	2	7
1	3	5	8	7	2	4	9	6
2	9	6	3	5	4	1	7	8
4	8	7	6	1	9	5	3	2
8	7	3	4	2	5	6	1	9
5	1	9	7	6	8	2	4	3
6	2	4	9	3	1	7	8	5

Solution Sudoku 189

7	5	2	4	1	9	3	6	8
4	8	9	7	3	6	2	5	1
6	1	3	5	2	8	7	9	4
8	3	7	1	9	4	5	2	6
5	4	6	2	7	3	1	8	9
2	9	1	6	8	5	4	7	3
9	6	4	3	5	7	8	1	2
3	2	5	8	6	1	9	4	7
1	7	8	9	4	2	6	3	5

Solution Sudoku 190

5	4	8	2	6	7	3	9	1
1	7	6	9	3	8	4	2	5
2	9	3	1	4	5	8	6	7
7	2	9	3	8	4	5	1	6
6	8	4	7	5	1	2	3	9
3	1	5	6	9	2	7	4	8
4	6	7	8	1	3	9	5	2
9	5	2	4	7	6	1	8	3
8	3	1	5	2	9	6	7	4

Solution Sudoku 191

5	2	8	7	9	1	3	4	6
9	4	3	2	6	5	8	1	7
6	1	7	8	4	3	5	9	2
7	6	1	5	2	4	9	8	3
3	9	4	6	1	8	7	2	5
8	5	2	9	3	7	4	6	1
4	8	6	3	5	2	1	7	9
1	3	9	4	7	6	2	5	8
2	7	5	1	8	9	6	3	4

Solution Sudoku 192

4	2	9	6	1	8	3	7	5
5	6	8	7	3	2	4	9	1
1	3	7	4	9	5	8	6	2
8	5	2	9	4	3	7	1	6
3	1	6	8	5	7	9	2	4
7	9	4	2	6	1	5	3	8
9	4	5	1	7	6	2	8	3
6	8	3	5	2	9	1	4	7
2	7	1	3	8	4	6	5	9

Solution Sudoku 193

3	8	2	4	9	6	1	7	5
1	4	7	8	5	3	6	9	2
9	6	5	2	7	1	3	8	4
6	5	8	9	4	2	7	1	3
2	9	3	1	6	7	4	5	8
7	1	4	5	3	8	2	6	9
8	3	1	6	2	9	5	4	7
4	2	9	7	1	5	8	3	6
5	7	6	3	8	4	9	2	1

Solution Sudoku 194

9	8	1	3	7	6	5	2	4
4	5	3	9	8	2	1	7	6
7	6	2	1	5	4	9	8	3
6	7	4	2	1	8	3	9	5
8	3	9	5	6	7	2	4	1
2	1	5	4	3	9	7	6	8
3	4	7	8	9	5	6	1	2
1	9	8	6	2	3	4	5	7
5	2	6	7	4	1	8	3	9

Solution Sudoku 195

1	4	9	5	2	7	8	6	3
8	5	3	6	1	4	7	2	9
6	2	7	8	3	9	1	5	4
7	6	2	3	5	1	9	4	8
5	3	1	9	4	8	2	7	6
9	8	4	2	7	6	5	3	1
2	1	5	4	8	3	6	9	7
3	9	8	7	6	2	4	1	5
4	7	6	1	9	5	3	8	2

Solution Sudoku 196

4	7	9	6	5	1	3	8	2
8	5	1	7	3	2	6	4	9
6	3	2	4	9	8	5	7	1
5	8	3	2	1	6	4	9	7
2	6	4	9	8	7	1	3	5
1	9	7	5	4	3	8	2	6
9	2	8	1	6	4	7	5	3
7	4	6	3	2	5	9	1	8
3	1	5	8	7	9	2	6	4

Solution Sudoku 197

5	2	7	9	3	1	4	6	8
3	8	4	5	7	6	9	1	2
1	6	9	2	4	8	3	5	7
9	7	1	3	6	2	8	4	5
8	3	6	4	9	5	7	2	1
4	5	2	8	1	7	6	3	9
7	1	5	6	8	3	2	9	4
6	4	8	1	2	9	5	7	3
2	9	3	7	5	4	1	8	6

Solution Sudoku 198

1	5	3	6	4	9	2	8	7
6	9	8	7	3	2	5	4	1
4	7	2	8	5	1	9	6	3
2	8	9	3	7	4	6	1	5
5	3	4	1	8	6	7	9	2
7	1	6	2	9	5	8	3	4
3	6	5	9	1	7	4	2	8
9	4	1	5	2	8	3	7	6
8	2	7	4	6	3	1	5	9

Solution Sudoku 199

2	1	5	4	3	9	6	7	8
3	7	8	6	5	1	9	2	4
9	6	4	7	2	8	1	5	3
4	9	7	5	1	3	8	6	2
6	2	3	9	8	4	5	1	7
8	5	1	2	7	6	3	4	9
7	3	9	1	6	2	4	8	5
5	4	6	8	9	7	2	3	1
1	8	2	3	4	5	7	9	6

Solution Sudoku 200

8	3	4	2	1	7	5	6	9
2	1	6	4	9	5	7	8	3
7	5	9	6	3	8	2	1	4
1	6	8	5	4	9	3	7	2
4	7	5	3	2	6	1	9	8
3	9	2	8	7	1	4	5	6
9	4	1	7	6	2	8	3	5
6	8	3	1	5	4	9	2	7
5	2	7	9	8	3	6	4	1

Solution Sudoku 201

2	9	5	3	4	7	6	1	8
8	3	6	1	2	9	7	5	4
7	1	4	8	5	6	9	2	3
9	4	7	5	6	1	8	3	2
3	6	1	9	8	2	5	4	7
5	2	8	4	7	3	1	9	6
1	8	2	7	9	4	3	6	5
6	7	3	2	1	5	4	8	9
4	5	9	6	3	8	2	7	1

Solution Sudoku 202

6	9	8	7	3	4	1	2	5
5	4	1	8	2	9	3	7	6
2	7	3	1	5	6	8	9	4
3	6	2	4	7	1	5	8	9
9	8	7	2	6	5	4	3	1
4	1	5	9	8	3	2	6	7
8	5	6	3	4	7	9	1	2
1	3	4	6	9	2	7	5	8
7	2	9	5	1	8	6	4	3

Solution Sudoku 203

2	6	9	8	3	1	4	7	5
8	5	7	4	6	9	2	1	3
4	1	3	2	7	5	9	8	6
1	7	4	3	9	2	5	6	8
3	9	6	5	1	8	7	2	4
5	2	8	6	4	7	1	3	9
6	3	5	7	2	4	8	9	1
9	8	2	1	5	6	3	4	7
7	4	1	9	8	3	6	5	2

Solution Sudoku 204

1	7	4	6	9	2	8	5	3
8	9	5	7	3	1	6	2	4
6	3	2	4	8	5	9	7	1
3	5	6	1	4	9	7	8	2
7	2	8	5	6	3	4	1	9
9	4	1	2	7	8	5	3	6
5	8	3	9	2	4	1	6	7
2	6	9	8	1	7	3	4	5
4	1	7	3	5	6	2	9	8

Solution Sudoku 205

1	5	9	7	8	6	2	3	4
6	8	3	4	5	2	7	9	1
2	7	4	1	3	9	6	8	5
3	2	5	8	6	1	4	7	9
8	1	6	9	7	4	5	2	3
9	4	7	3	2	5	8	1	6
4	9	2	5	1	7	3	6	8
5	6	8	2	9	3	1	4	7
7	3	1	6	4	8	9	5	2

Solution Sudoku 206

5	8	1	3	2	6	9	4	7
3	2	6	9	4	7	5	1	8
4	9	7	8	1	5	2	3	6
6	3	8	2	9	4	1	7	5
7	5	9	1	6	8	4	2	3
2	1	4	5	7	3	8	6	9
9	4	5	6	3	1	7	8	2
8	7	3	4	5	2	6	9	1
1	6	2	7	8	9	3	5	4

Solution Sudoku 207

5	9	8	4	3	2	6	7	1
7	3	1	5	8	6	9	4	2
2	4	6	9	1	7	5	3	8
8	6	3	7	9	4	2	1	5
4	2	9	1	5	3	7	8	6
1	7	5	2	6	8	3	9	4
6	8	7	3	2	1	4	5	9
9	1	4	6	7	5	8	2	3
3	5	2	8	4	9	1	6	7

Solution Sudoku 208

4	3	5	2	6	1	8	7	9
7	2	8	9	4	3	6	5	1
6	1	9	5	7	8	3	2	4
9	8	7	3	2	4	1	6	5
3	5	1	8	9	6	7	4	2
2	6	4	1	5	7	9	3	8
8	4	6	7	1	2	5	9	3
1	9	2	6	3	5	4	8	7
5	7	3	4	8	9	2	1	6

Solution Sudoku 209

7	5	9	2	4	6	8	1	3
4	8	6	1	3	9	5	2	7
1	2	3	5	7	8	9	4	6
9	4	1	6	5	2	7	3	8
2	6	7	4	8	3	1	9	5
5	3	8	9	1	7	4	6	2
6	9	5	7	2	1	3	8	4
8	1	4	3	6	5	2	7	9
3	7	2	8	9	4	6	5	1

Solution Sudoku 210

7	2	5	3	8	6	4	9	1
8	3	9	4	1	2	5	6	7
4	1	6	9	5	7	8	2	3
6	5	8	7	4	1	2	3	9
3	9	1	5	2	8	7	4	6
2	7	4	6	3	9	1	8	5
9	8	7	2	6	5	3	1	4
1	6	3	8	7	4	9	5	2
5	4	2	1	9	3	6	7	8

Solution Sudoku 211

1	7	5	6	2	8	4	3	9
2	3	4	7	9	1	8	5	6
9	6	8	3	5	4	2	7	1
6	2	9	5	8	3	1	4	7
7	4	1	2	6	9	5	8	3
8	5	3	4	1	7	9	6	2
5	9	7	8	3	2	6	1	4
3	1	6	9	4	5	7	2	8
4	8	2	1	7	6	3	9	5

Solution Sudoku 212

3	7	4	9	6	8	1	2	5
2	8	9	1	4	5	6	7	3
5	6	1	7	3	2	8	9	4
6	2	5	8	9	1	3	4	7
1	9	3	4	7	6	2	5	8
7	4	8	5	2	3	9	6	1
4	3	7	2	8	9	5	1	6
9	5	6	3	1	4	7	8	2
8	1	2	6	5	7	4	3	9

Solution Sudoku 213

5	4	6	8	2	7	9	1	3
1	3	7	6	9	5	2	4	8
2	8	9	1	4	3	5	6	7
7	9	3	5	1	4	6	8	2
8	6	2	7	3	9	4	5	1
4	5	1	2	6	8	3	7	9
3	7	8	4	5	2	1	9	6
6	2	4	9	8	1	7	3	5
9	1	5	3	7	6	8	2	4

Solution Sudoku 214

8	4	2	7	1	9	6	3	5
3	7	9	5	6	8	1	4	2
6	5	1	4	2	3	9	8	7
1	8	4	2	3	6	5	7	9
5	2	3	9	8	7	4	1	6
7	9	6	1	4	5	3	2	8
2	1	8	6	9	4	7	5	3
9	3	5	8	7	1	2	6	4
4	6	7	3	5	2	8	9	1

Solution Sudoku 215

6	7	8	9	5	3	2	4	1
9	3	1	2	4	6	5	7	8
5	4	2	1	8	7	3	6	9
1	5	3	4	2	8	6	9	7
4	6	9	7	3	1	8	2	5
2	8	7	5	6	9	1	3	4
7	2	6	8	9	5	4	1	3
8	1	4	3	7	2	9	5	6
3	9	5	6	1	4	7	8	2

Solution Sudoku 216

2	5	7	1	6	9	4	3	8
9	3	8	2	4	7	6	1	5
6	4	1	3	5	8	7	9	2
3	7	4	5	1	2	8	6	9
1	6	2	8	9	4	5	7	3
8	9	5	7	3	6	2	4	1
4	2	9	6	8	3	1	5	7
5	8	6	9	7	1	3	2	4
7	1	3	4	2	5	9	8	6

Solution Sudoku 217

2	7	9	8	3	1	5	4	6
8	6	5	7	4	9	1	2	3
4	1	3	6	5	2	7	9	8
5	9	4	1	6	3	8	7	2
1	8	2	9	7	5	3	6	4
7	3	6	2	8	4	9	5	1
6	4	1	5	9	8	2	3	7
3	5	8	4	2	7	6	1	9
9	2	7	3	1	6	4	8	5

Solution Sudoku 218

8	5	2	6	7	1	4	3	9
1	7	3	2	4	9	5	8	6
9	6	4	3	5	8	2	7	1
2	4	7	9	1	6	8	5	3
5	9	8	4	3	7	6	1	2
3	1	6	8	2	5	7	9	4
6	2	9	5	8	3	1	4	7
4	8	1	7	9	2	3	6	5
7	3	5	1	6	4	9	2	8

Solution Sudoku 219

1	4	5	8	9	6	7	2	3
8	2	9	3	5	7	4	6	1
3	6	7	4	2	1	8	9	5
4	7	1	9	8	5	2	3	6
6	5	8	7	3	2	1	4	9
9	3	2	1	6	4	5	7	8
5	1	6	2	4	3	9	8	7
2	9	3	5	7	8	6	1	4
7	8	4	6	1	9	3	5	2

Solution Sudoku 220

7	9	3	1	2	4	5	8	6
6	4	5	8	3	7	1	9	2
2	8	1	6	5	9	3	7	4
4	7	9	2	8	3	6	5	1
5	1	8	4	9	6	2	3	7
3	6	2	5	7	1	8	4	9
9	5	4	3	6	2	7	1	8
8	2	7	9	1	5	4	6	3
1	3	6	7	4	8	9	2	5

Solution Sudoku 221

2	4	6	3	5	8	9	7	1
9	3	5	2	7	1	6	8	4
7	1	8	6	4	9	2	3	5
5	2	3	7	1	6	4	9	8
1	6	7	9	8	4	3	5	2
8	9	4	5	3	2	7	1	6
4	5	2	8	9	3	1	6	7
6	8	9	1	2	7	5	4	3
3	7	1	4	6	5	8	2	9

Solution Sudoku 222

1	4	2	9	7	6	8	5	3
8	3	7	1	4	5	9	6	2
5	6	9	2	3	8	1	7	4
4	7	8	6	1	2	5	3	9
2	9	1	5	8	3	6	4	7
3	5	6	7	9	4	2	1	8
6	8	3	4	5	9	7	2	1
7	2	4	8	6	1	3	9	5
9	1	5	3	2	7	4	8	6

Solution Sudoku 223

3	8	1	9	2	5	4	7	6
5	2	4	1	6	7	3	8	9
7	9	6	4	8	3	2	1	5
4	1	5	6	9	2	8	3	7
8	6	3	5	7	1	9	4	2
9	7	2	3	4	8	5	6	1
2	4	7	8	1	9	6	5	3
6	3	9	7	5	4	1	2	8
1	5	8	2	3	6	7	9	4

Solution Sudoku 224

2	6	1	5	8	4	3	7	9
3	8	5	9	7	1	2	4	6
9	4	7	3	6	2	8	5	1
6	7	9	4	3	5	1	2	8
8	3	2	7	1	9	5	6	4
5	1	4	8	2	6	7	9	3
1	9	6	2	5	3	4	8	7
7	5	3	6	4	8	9	1	2
4	2	8	1	9	7	6	3	5

Solution Sudoku 225

9	8	7	4	1	6	3	2	5
2	4	6	5	8	3	9	7	1
1	5	3	9	2	7	8	6	4
3	2	4	8	5	1	6	9	7
6	7	9	3	4	2	1	5	8
8	1	5	6	7	9	4	3	2
4	3	8	7	9	5	2	1	6
5	9	2	1	6	8	7	4	3
7	6	1	2	3	4	5	8	9

Solution Sudoku 226

2	8	9	7	3	4	5	1	6
7	5	4	2	6	1	8	9	3
6	1	3	5	9	8	7	4	2
5	4	8	3	2	7	1	6	9
1	2	6	9	4	5	3	8	7
9	3	7	1	8	6	4	2	5
3	6	5	8	1	2	9	7	4
4	7	1	6	5	9	2	3	8
8	9	2	4	7	3	6	5	1

Solution Sudoku 227

8	9	1	6	7	3	2	5	4
2	4	6	5	9	1	3	8	7
5	3	7	2	8	4	1	9	6
9	6	5	4	1	2	7	3	8
3	7	4	9	6	8	5	2	1
1	8	2	3	5	7	6	4	9
6	2	3	1	4	9	8	7	5
7	5	9	8	3	6	4	1	2
4	1	8	7	2	5	9	6	3

Solution Sudoku 228

6	1	5	8	2	9	4	7	3
9	4	3	7	1	6	8	2	5
7	8	2	5	4	3	1	6	9
8	7	1	6	3	5	9	4	2
4	2	6	1	9	7	5	3	8
3	5	9	4	8	2	6	1	7
5	3	8	2	6	4	7	9	1
1	9	4	3	7	8	2	5	6
2	6	7	9	5	1	3	8	4

Solution Sudoku 229

8	5	2	7	9	4	6	3	1
9	4	7	1	3	6	5	8	2
6	3	1	5	2	8	7	4	9
2	6	5	4	8	3	9	1	7
4	9	8	6	7	1	2	5	3
1	7	3	2	5	9	4	6	8
5	1	9	8	6	2	3	7	4
7	2	4	3	1	5	8	9	6
3	8	6	9	4	7	1	2	5

Solution Sudoku 230

1	6	5	9	3	2	8	7	4
2	4	8	7	5	1	3	9	6
9	7	3	4	6	8	1	5	2
4	2	6	5	1	9	7	3	8
5	8	1	3	2	7	6	4	9
7	3	9	8	4	6	5	2	1
6	5	7	1	9	4	2	8	3
3	1	4	2	8	5	9	6	7
8	9	2	6	7	3	4	1	5

Solution Sudoku 231

4	2	6	9	8	1	7	5	3
5	3	8	4	7	2	6	9	1
7	9	1	3	5	6	2	4	8
9	6	3	5	1	4	8	7	2
8	1	4	2	3	7	5	6	9
2	7	5	6	9	8	3	1	4
1	8	2	7	4	5	9	3	6
6	5	9	1	2	3	4	8	7
3	4	7	8	6	9	1	2	5

Solution Sudoku 232

4	7	9	6	3	2	8	1	5
2	1	6	8	5	9	7	4	3
8	3	5	7	1	4	6	2	9
9	4	8	3	7	5	2	6	1
6	5	3	4	2	1	9	8	7
7	2	1	9	8	6	3	5	4
5	9	4	2	6	3	1	7	8
3	8	2	1	4	7	5	9	6
1	6	7	5	9	8	4	3	2

Solution Sudoku 233

9	8	5	3	6	7	1	4	2
2	1	7	8	4	9	3	6	5
6	4	3	1	5	2	7	8	9
5	6	2	4	8	1	9	7	3
4	7	9	5	2	3	6	1	8
8	3	1	7	9	6	5	2	4
3	5	8	6	1	4	2	9	7
7	9	6	2	3	8	4	5	1
1	2	4	9	7	5	8	3	6

Solution Sudoku 234

6	3	5	2	7	4	9	8	1
2	9	7	3	8	1	6	4	5
1	4	8	6	5	9	7	2	3
8	5	3	9	2	7	1	6	4
7	2	4	5	1	6	8	3	9
9	1	6	4	3	8	2	5	7
4	7	2	8	9	3	5	1	6
5	6	9	1	4	2	3	7	8
3	8	1	7	6	5	4	9	2

Solution Sudoku 235

8	5	7	4	1	9	2	3	6
3	9	6	5	2	7	1	4	8
2	1	4	8	6	3	9	7	5
4	3	8	6	7	1	5	2	9
7	2	1	9	5	8	3	6	4
9	6	5	3	4	2	7	8	1
5	7	9	2	8	6	4	1	3
6	4	2	1	3	5	8	9	7
1	8	3	7	9	4	6	5	2

Solution Sudoku 236

4	9	2	7	8	5	6	1	3
5	8	6	1	9	3	7	2	4
7	1	3	4	2	6	8	5	9
8	4	9	6	3	1	2	7	5
6	7	1	2	5	9	4	3	8
3	2	5	8	4	7	1	9	6
1	3	8	9	6	2	5	4	7
9	6	7	5	1	4	3	8	2
2	5	4	3	7	8	9	6	1

Solution Sudoku 237

2	9	7	1	5	4	6	8	3
8	3	6	2	9	7	5	1	4
4	1	5	8	3	6	2	9	7
3	7	9	5	6	2	1	4	8
5	2	4	3	1	8	7	6	9
1	6	8	4	7	9	3	5	2
6	4	3	7	8	1	9	2	5
7	8	1	9	2	5	4	3	6
9	5	2	6	4	3	8	7	1

Solution Sudoku 238

6	2	5	3	7	9	8	1	4
8	1	7	6	4	2	3	9	5
4	9	3	5	1	8	6	7	2
7	4	6	1	3	5	2	8	9
9	3	8	7	2	4	5	6	1
2	5	1	8	9	6	7	4	3
5	7	2	4	6	1	9	3	8
1	6	9	2	8	3	4	5	7
3	8	4	9	5	7	1	2	6

Solution Sudoku 239

5	8	3	7	4	1	2	6	9
9	4	7	6	3	2	1	5	8
6	2	1	5	8	9	7	3	4
1	9	8	3	5	6	4	2	7
7	6	2	8	9	4	5	1	3
3	5	4	2	1	7	9	8	6
2	3	9	1	7	8	6	4	5
8	7	6	4	2	5	3	9	1
4	1	5	9	6	3	8	7	2

Solution Sudoku 240

3	6	9	2	7	1	8	4	5
8	1	7	5	3	4	9	6	2
4	5	2	8	9	6	7	3	1
2	4	8	3	6	9	5	1	7
5	9	1	4	8	7	3	2	6
6	7	3	1	5	2	4	9	8
7	3	6	9	1	5	2	8	4
1	8	4	7	2	3	6	5	9
9	2	5	6	4	8	1	7	3

Solution Sudoku 241

2	7	9	4	5	8	3	6	1
3	6	5	9	7	1	2	4	8
1	8	4	3	6	2	5	9	7
9	1	6	2	3	7	8	5	4
4	2	8	5	1	9	7	3	6
5	3	7	6	8	4	1	2	9
8	5	3	1	4	6	9	7	2
7	4	2	8	9	3	6	1	5
6	9	1	7	2	5	4	8	3

Solution Sudoku 242

3	8	7	1	2	9	6	4	5
1	2	4	6	5	8	7	3	9
6	5	9	4	3	7	8	1	2
9	7	8	5	4	2	1	6	3
5	4	3	9	6	1	2	7	8
2	1	6	7	8	3	5	9	4
4	3	1	2	7	5	9	8	6
7	6	2	8	9	4	3	5	1
8	9	5	3	1	6	4	2	7

Solution Sudoku 243

7	3	1	5	2	4	9	8	6
5	4	9	8	3	6	2	1	7
8	2	6	9	7	1	3	4	5
2	5	4	1	6	3	7	9	8
6	8	3	7	4	9	5	2	1
9	1	7	2	8	5	4	6	3
3	6	2	4	5	8	1	7	9
1	7	5	6	9	2	8	3	4
4	9	8	3	1	7	6	5	2

Solution Sudoku 244

6	8	7	3	5	1	4	2	9
1	9	4	8	2	6	5	7	3
5	2	3	4	7	9	6	8	1
2	7	8	1	4	5	3	9	6
4	5	6	9	8	3	2	1	7
3	1	9	7	6	2	8	4	5
8	4	1	6	3	7	9	5	2
9	3	2	5	1	8	7	6	4
7	6	5	2	9	4	1	3	8

Solution Sudoku 245

8	2	1	7	9	3	4	6	5
3	9	4	8	6	5	2	7	1
7	5	6	2	4	1	9	8	3
1	4	8	3	2	7	5	9	6
9	6	7	4	5	8	1	3	2
5	3	2	9	1	6	7	4	8
6	1	9	5	3	4	8	2	7
4	7	5	6	8	2	3	1	9
2	8	3	1	7	9	6	5	4

Solution Sudoku 246

7	8	4	6	3	5	9	1	2
6	2	3	1	4	9	7	8	5
1	5	9	8	2	7	4	6	3
5	4	2	7	1	8	3	9	6
9	3	7	5	6	4	8	2	1
8	1	6	3	9	2	5	7	4
4	6	5	9	7	1	2	3	8
3	7	8	2	5	6	1	4	9
2	9	1	4	8	3	6	5	7

Solution Sudoku 247

3	6	2	5	9	4	7	1	8
1	5	9	7	8	2	3	4	6
8	7	4	6	3	1	9	2	5
5	2	7	9	6	3	1	8	4
9	1	6	4	5	8	2	3	7
4	3	8	2	1	7	6	5	9
6	9	1	3	4	5	8	7	2
7	8	5	1	2	6	4	9	3
2	4	3	8	7	9	5	6	1

Solution Sudoku 248

1	3	9	7	6	2	8	4	5
4	2	7	9	5	8	6	3	1
8	5	6	3	4	1	7	2	9
3	4	1	5	7	9	2	6	8
9	7	8	6	2	4	5	1	3
5	6	2	8	1	3	4	9	7
2	8	4	1	3	5	9	7	6
7	1	5	2	9	6	3	8	4
6	9	3	4	8	7	1	5	2

Solution Sudoku 249

8	7	5	3	1	2	6	4	9
1	4	2	9	6	5	8	3	7
3	6	9	7	8	4	5	2	1
7	2	8	5	9	3	1	6	4
4	9	6	1	2	7	3	5	8
5	1	3	6	4	8	9	7	2
6	5	4	8	7	1	2	9	3
2	3	1	4	5	9	7	8	6
9	8	7	2	3	6	4	1	5

Solution Sudoku 250

6	8	3	2	1	7	4	5	9
4	9	1	8	3	5	6	2	7
7	5	2	4	6	9	1	8	3
9	3	6	7	8	1	5	4	2
1	7	5	9	2	4	3	6	8
8	2	4	3	5	6	7	9	1
2	6	8	1	4	3	9	7	5
3	4	9	5	7	8	2	1	6
5	1	7	6	9	2	8	3	4

Solution Sudoku 251

4	3	9	8	7	5	2	1	6
8	6	5	4	2	1	9	3	7
7	2	1	3	9	6	4	5	8
3	5	7	1	4	2	6	8	9
1	9	8	6	5	7	3	2	4
6	4	2	9	8	3	1	7	5
5	1	4	7	3	9	8	6	2
9	7	6	2	1	8	5	4	3
2	8	3	5	6	4	7	9	1

Solution Sudoku 252

1	9	6	5	8	2	4	7	3
7	8	5	4	6	3	1	2	9
2	4	3	9	1	7	8	5	6
8	5	4	3	2	9	6	1	7
6	3	2	1	7	5	9	4	8
9	7	1	6	4	8	5	3	2
4	2	7	8	9	1	3	6	5
5	6	9	2	3	4	7	8	1
3	1	8	7	5	6	2	9	4

Solution Sudoku 253

1	4	7	6	8	5	2	9	3
8	6	2	9	3	4	5	1	7
5	9	3	2	1	7	4	6	8
4	2	8	1	9	3	6	7	5
7	3	5	8	4	6	1	2	9
9	1	6	5	7	2	8	3	4
3	7	1	4	6	8	9	5	2
6	5	4	3	2	9	7	8	1
2	8	9	7	5	1	3	4	6

Solution Sudoku 254

9	3	8	4	5	7	6	1	2
5	6	2	9	1	3	8	4	7
1	4	7	2	8	6	9	5	3
8	2	5	7	4	9	3	6	1
6	7	4	1	3	2	5	8	9
3	1	9	8	6	5	2	7	4
4	5	1	3	9	8	7	2	6
7	8	3	6	2	4	1	9	5
2	9	6	5	7	1	4	3	8

Solution Sudoku 255

5	6	9	7	8	1	2	3	4
4	3	7	5	9	2	8	1	6
2	1	8	6	3	4	9	5	7
7	2	6	9	1	3	5	4	8
8	4	3	2	6	5	1	7	9
1	9	5	8	4	7	3	6	2
6	5	2	3	7	8	4	9	1
3	7	4	1	2	9	6	8	5
9	8	1	4	5	6	7	2	3

Solution Sudoku 256

1	5	6	8	3	2	9	4	7
2	4	7	9	6	1	5	8	3
9	8	3	4	7	5	2	6	1
7	1	9	5	4	8	6	3	2
5	3	4	6	2	9	7	1	8
6	2	8	7	1	3	4	5	9
8	7	2	1	5	6	3	9	4
4	9	5	3	8	7	1	2	6
3	6	1	2	9	4	8	7	5

Solution Sudoku 257

6	4	3	1	7	8	9	2	5
2	9	1	3	4	5	7	6	8
5	7	8	9	6	2	3	4	1
8	6	9	5	2	3	1	7	4
3	5	7	4	8	1	6	9	2
4	1	2	7	9	6	8	5	3
1	3	4	6	5	9	2	8	7
9	2	5	8	1	7	4	3	6
7	8	6	2	3	4	5	1	9

Solution Sudoku 258

8	4	9	1	6	5	2	7	3
6	7	2	3	4	9	5	8	1
3	1	5	8	2	7	4	9	6
5	6	4	9	7	3	1	2	8
9	8	1	6	5	2	3	4	7
2	3	7	4	1	8	6	5	9
7	2	3	5	8	6	9	1	4
4	9	8	2	3	1	7	6	5
1	5	6	7	9	4	8	3	2

Solution Sudoku 259

5	6	1	2	7	9	8	4	3
4	8	7	5	1	3	9	2	6
3	2	9	4	6	8	5	7	1
2	9	4	3	8	1	6	5	7
6	1	5	7	9	4	2	3	8
8	7	3	6	2	5	4	1	9
7	5	6	8	3	2	1	9	4
1	4	8	9	5	7	3	6	2
9	3	2	1	4	6	7	8	5

Solution Sudoku 260

9	8	1	2	7	5	3	6	4
7	6	2	4	9	3	1	8	5
4	3	5	6	8	1	7	9	2
5	9	8	3	2	7	4	1	6
2	7	6	1	5	4	8	3	9
1	4	3	8	6	9	2	5	7
3	1	9	5	4	2	6	7	8
6	2	7	9	3	8	5	4	1
8	5	4	7	1	6	9	2	3

Solution Sudoku 261

4	8	7	5	6	1	2	3	9
6	2	9	7	3	8	4	1	5
5	1	3	4	2	9	8	7	6
7	9	5	2	4	3	1	6	8
3	4	1	6	8	5	9	2	7
8	6	2	9	1	7	5	4	3
1	7	8	3	9	2	6	5	4
2	3	4	8	5	6	7	9	1
9	5	6	1	7	4	3	8	2

Solution Sudoku 262

3	8	9	7	1	6	5	2	4
7	2	4	9	8	5	1	6	3
6	5	1	2	3	4	9	8	7
8	9	6	5	2	7	4	3	1
4	1	2	3	6	9	7	5	8
5	7	3	8	4	1	6	9	2
1	4	8	6	9	3	2	7	5
9	3	5	1	7	2	8	4	6
2	6	7	4	5	8	3	1	9

Solution Sudoku 263

6	1	4	9	8	2	3	5	7
7	8	5	6	1	3	2	9	4
9	2	3	4	7	5	6	1	8
5	4	6	1	2	9	8	7	3
1	3	9	7	4	8	5	2	6
2	7	8	3	5	6	1	4	9
8	6	1	5	9	7	4	3	2
4	9	2	8	3	1	7	6	5
3	5	7	2	6	4	9	8	1

Solution Sudoku 264

8	2	6	7	4	5	3	9	1
7	5	4	3	1	9	8	6	2
3	9	1	8	6	2	5	7	4
9	1	3	5	7	8	2	4	6
5	6	7	9	2	4	1	3	8
4	8	2	1	3	6	9	5	7
2	7	9	4	5	1	6	8	3
1	4	8	6	9	3	7	2	5
6	3	5	2	8	7	4	1	9

Solution Sudoku 265

8	7	3	5	4	6	2	1	9
2	4	6	7	9	1	5	8	3
1	9	5	2	3	8	7	6	4
9	6	2	3	5	4	8	7	1
7	5	4	1	8	2	3	9	6
3	1	8	6	7	9	4	5	2
6	3	1	8	2	5	9	4	7
5	2	9	4	6	7	1	3	8
4	8	7	9	1	3	6	2	5

Solution Sudoku 266

9	2	7	3	5	8	1	4	6
5	3	6	1	2	4	9	7	8
4	8	1	6	9	7	2	3	5
7	4	2	5	8	1	6	9	3
3	5	9	7	6	2	8	1	4
1	6	8	9	4	3	5	2	7
8	9	4	2	7	6	3	5	1
2	7	3	8	1	5	4	6	9
6	1	5	4	3	9	7	8	2

Solution Sudoku 267

9	6	5	8	2	3	1	4	7
4	1	8	6	7	5	9	2	3
2	7	3	1	4	9	8	5	6
1	5	2	3	9	6	7	8	4
7	8	4	2	5	1	6	3	9
6	3	9	7	8	4	5	1	2
3	2	1	5	6	7	4	9	8
5	9	6	4	3	8	2	7	1
8	4	7	9	1	2	3	6	5

Solution Sudoku 268

4	1	8	7	3	9	5	6	2
6	3	2	5	4	1	7	8	9
5	7	9	8	2	6	3	4	1
8	5	1	6	9	2	4	7	3
7	9	3	4	5	8	2	1	6
2	6	4	3	1	7	8	9	5
1	8	7	2	6	5	9	3	4
9	4	5	1	7	3	6	2	8
3	2	6	9	8	4	1	5	7

Solution Sudoku 269

2	5	1	9	6	8	7	4	3
6	8	9	3	4	7	2	1	5
4	7	3	5	1	2	8	9	6
8	6	4	2	3	9	5	7	1
7	9	5	1	8	4	3	6	2
1	3	2	7	5	6	4	8	9
3	2	6	8	7	1	9	5	4
5	1	8	4	9	3	6	2	7
9	4	7	6	2	5	1	3	8

Solution Sudoku 270

5	1	2	9	8	4	6	3	7
6	8	7	3	5	1	9	4	2
4	3	9	6	7	2	5	1	8
8	4	3	1	9	6	2	7	5
7	5	6	4	2	8	3	9	1
9	2	1	5	3	7	8	6	4
2	9	8	7	1	3	4	5	6
1	6	5	2	4	9	7	8	3
3	7	4	8	6	5	1	2	9

Solution Sudoku 271

5	6	4	7	3	9	2	8	1
3	1	2	5	6	8	7	4	9
8	7	9	2	1	4	3	5	6
7	9	3	8	4	5	6	1	2
4	5	6	1	2	7	9	3	8
2	8	1	3	9	6	4	7	5
9	4	8	6	5	3	1	2	7
6	2	5	4	7	1	8	9	3
1	3	7	9	8	2	5	6	4

Solution Sudoku 272

6	4	3	1	5	7	2	8	9
7	2	5	9	8	6	1	3	4
9	1	8	4	3	2	7	6	5
4	7	1	2	6	8	5	9	3
8	5	2	3	9	1	4	7	6
3	6	9	5	7	4	8	1	2
1	3	6	8	4	5	9	2	7
5	8	7	6	2	9	3	4	1
2	9	4	7	1	3	6	5	8

Solution Sudoku 273

7	8	2	9	6	4	5	1	3
3	1	4	5	7	2	9	8	6
6	5	9	8	1	3	2	7	4
9	2	3	1	4	6	7	5	8
5	4	7	2	8	9	6	3	1
1	6	8	7	3	5	4	2	9
8	9	1	6	5	7	3	4	2
4	7	6	3	2	1	8	9	5
2	3	5	4	9	8	1	6	7

Solution Sudoku 274

7	2	5	3	8	1	6	4	9
3	9	4	2	5	6	8	7	1
6	8	1	4	9	7	2	5	3
2	6	9	7	3	5	4	1	8
4	7	8	6	1	9	5	3	2
5	1	3	8	2	4	9	6	7
1	4	2	9	6	3	7	8	5
8	3	7	5	4	2	1	9	6
9	5	6	1	7	8	3	2	4

Solution Sudoku 275

6	2	5	8	9	1	3	4	7
3	9	7	6	2	4	8	1	5
4	8	1	7	3	5	6	9	2
8	6	3	4	7	9	5	2	1
2	5	4	1	8	6	7	3	9
1	7	9	2	5	3	4	6	8
5	4	2	3	1	8	9	7	6
7	3	8	9	6	2	1	5	4
9	1	6	5	4	7	2	8	3

Solution Sudoku 276

6	1	5	4	9	2	7	3	8
4	2	3	8	7	6	9	1	5
8	7	9	1	5	3	6	4	2
9	8	1	3	2	7	5	6	4
2	3	6	5	1	4	8	7	9
7	5	4	9	6	8	3	2	1
5	4	7	2	3	9	1	8	6
1	6	2	7	8	5	4	9	3
3	9	8	6	4	1	2	5	7

Solution Sudoku 277

8	9	7	1	4	3	2	6	5
2	5	4	7	6	8	1	9	3
3	1	6	5	2	9	7	4	8
4	8	9	6	3	2	5	7	1
7	6	3	8	1	5	4	2	9
5	2	1	4	9	7	3	8	6
9	7	2	3	5	6	8	1	4
6	4	5	2	8	1	9	3	7
1	3	8	9	7	4	6	5	2

Solution Sudoku 278

2	8	6	4	5	1	9	7	3
5	9	7	8	6	3	1	4	2
4	1	3	2	9	7	5	8	6
1	6	8	5	7	4	3	2	9
7	5	9	6	3	2	8	1	4
3	2	4	1	8	9	7	6	5
8	3	2	9	1	6	4	5	7
9	4	1	7	2	5	6	3	8
6	7	5	3	4	8	2	9	1

Solution Sudoku 279

7	4	9	5	8	1	6	3	2
6	2	5	4	3	9	7	8	1
8	1	3	6	7	2	9	4	5
2	7	6	3	9	4	5	1	8
1	9	8	2	5	7	4	6	3
5	3	4	8	1	6	2	7	9
3	8	2	7	4	5	1	9	6
9	5	7	1	6	3	8	2	4
4	6	1	9	2	8	3	5	7

Solution Sudoku 280

4	9	1	2	3	8	7	5	6
6	8	2	7	4	5	1	9	3
5	7	3	1	6	9	2	4	8
3	2	6	5	9	7	4	8	1
8	5	7	6	1	4	3	2	9
9	1	4	3	8	2	5	6	7
2	3	5	9	7	6	8	1	4
1	4	9	8	5	3	6	7	2
7	6	8	4	2	1	9	3	5

Solution Sudoku 281

5	6	4	3	9	1	2	8	7
1	2	8	5	4	7	3	9	6
3	9	7	2	6	8	1	5	4
7	5	9	1	8	4	6	3	2
6	4	2	9	5	3	7	1	8
8	3	1	7	2	6	9	4	5
9	7	6	4	1	5	8	2	3
2	8	5	6	3	9	4	7	1
4	1	3	8	7	2	5	6	9

Solution Sudoku 282

7	4	1	5	3	9	8	6	2
6	5	8	7	1	2	3	9	4
2	3	9	8	4	6	1	5	7
3	6	4	2	5	1	7	8	9
8	7	2	9	6	3	4	1	5
1	9	5	4	7	8	2	3	6
9	1	7	3	2	5	6	4	8
5	2	3	6	8	4	9	7	1
4	8	6	1	9	7	5	2	3

Solution Sudoku 283

4	1	8	3	9	6	5	2	7
5	6	3	7	1	2	9	8	4
7	9	2	8	5	4	6	3	1
3	4	9	5	2	1	8	7	6
2	5	7	6	8	9	1	4	3
1	8	6	4	7	3	2	9	5
6	2	1	9	3	7	4	5	8
8	7	4	2	6	5	3	1	9
9	3	5	1	4	8	7	6	2

Solution Sudoku 284

7	6	2	9	1	3	8	4	5
4	8	9	7	5	6	2	1	3
5	1	3	8	4	2	9	7	6
1	5	8	2	3	4	7	6	9
2	4	7	1	6	9	5	3	8
9	3	6	5	8	7	1	2	4
6	7	5	3	2	8	4	9	1
8	9	4	6	7	1	3	5	2
3	2	1	4	9	5	6	8	7

Solution Sudoku 285

9	7	1	5	6	4	8	3	2
5	3	6	8	2	7	9	4	1
2	4	8	3	1	9	7	6	5
3	8	4	2	7	1	6	5	9
6	2	9	4	8	5	1	7	3
7	1	5	6	9	3	2	8	4
1	6	3	9	5	8	4	2	7
8	5	7	1	4	2	3	9	6
4	9	2	7	3	6	5	1	8

Solution Sudoku 286

5	4	1	6	7	9	8	2	3
7	8	3	2	5	1	6	9	4
6	9	2	3	4	8	1	5	7
1	5	9	7	6	2	4	3	8
3	7	8	5	9	4	2	1	6
4	2	6	8	1	3	5	7	9
2	1	7	9	8	6	3	4	5
8	3	5	4	2	7	9	6	1
9	6	4	1	3	5	7	8	2

Solution Sudoku 287

2	7	9	5	1	3	6	4	8
1	8	3	6	4	2	5	7	9
4	6	5	8	7	9	3	2	1
8	5	7	4	3	6	1	9	2
6	9	4	2	5	1	8	3	7
3	2	1	9	8	7	4	6	5
5	3	8	7	2	4	9	1	6
7	1	6	3	9	8	2	5	4
9	4	2	1	6	5	7	8	3

Solution Sudoku 288

6	5	7	1	3	4	8	2	9
9	8	4	7	6	2	1	3	5
1	3	2	9	5	8	4	6	7
2	7	9	4	1	3	6	5	8
3	6	5	8	7	9	2	1	4
4	1	8	5	2	6	9	7	3
7	9	3	6	4	1	5	8	2
5	4	6	2	8	7	3	9	1
8	2	1	3	9	5	7	4	6

Solution Sudoku 289

2	7	4	3	8	5	6	9	1
6	3	8	1	9	4	7	5	2
5	9	1	6	2	7	3	4	8
4	6	2	8	3	9	5	1	7
7	1	9	5	6	2	8	3	4
8	5	3	4	7	1	9	2	6
1	8	5	9	4	6	2	7	3
9	2	6	7	1	3	4	8	5
3	4	7	2	5	8	1	6	9

Solution Sudoku 290

6	4	9	1	2	3	5	7	8
8	7	3	4	5	9	2	6	1
5	2	1	7	6	8	9	3	4
4	5	8	9	3	1	6	2	7
9	6	7	5	4	2	8	1	3
3	1	2	6	8	7	4	9	5
2	8	5	3	7	6	1	4	9
1	3	4	2	9	5	7	8	6
7	9	6	8	1	4	3	5	2

Solution Sudoku 291

1	8	4	6	7	5	2	9	3
9	3	6	8	2	4	5	1	7
2	5	7	9	1	3	8	4	6
6	4	1	5	9	8	3	7	2
3	7	8	2	6	1	4	5	9
5	9	2	4	3	7	1	6	8
7	2	5	1	8	9	6	3	4
8	1	9	3	4	6	7	2	5
4	6	3	7	5	2	9	8	1

Solution Sudoku 292

7	3	5	2	8	1	6	9	4
1	2	8	6	9	4	5	7	3
9	4	6	3	7	5	2	1	8
6	5	9	7	4	8	1	3	2
4	7	2	1	3	9	8	5	6
3	8	1	5	2	6	9	4	7
2	9	3	8	5	7	4	6	1
8	6	4	9	1	3	7	2	5
5	1	7	4	6	2	3	8	9

Solution Sudoku 293

6	2	1	5	4	7	3	8	9
8	3	4	9	6	2	1	5	7
7	9	5	8	3	1	2	6	4
5	6	9	2	7	4	8	3	1
3	4	8	1	5	6	7	9	2
1	7	2	3	9	8	5	4	6
4	1	6	7	8	5	9	2	3
2	5	3	4	1	9	6	7	8
9	8	7	6	2	3	4	1	5

Solution Sudoku 294

4	3	5	1	7	9	2	6	8
6	8	9	2	5	4	7	3	1
7	2	1	6	8	3	9	4	5
1	5	3	4	9	8	6	7	2
2	4	7	5	6	1	8	9	3
8	9	6	7	3	2	5	1	4
9	1	4	8	2	6	3	5	7
3	7	2	9	4	5	1	8	6
5	6	8	3	1	7	4	2	9

Solution Sudoku 295

3	8	6	7	4	1	2	5	9
1	5	4	9	2	6	7	8	3
9	2	7	5	3	8	4	1	6
7	3	5	8	6	2	1	9	4
2	9	8	1	7	4	3	6	5
4	6	1	3	5	9	8	7	2
6	7	3	4	1	5	9	2	8
8	4	2	6	9	7	5	3	1
5	1	9	2	8	3	6	4	7

Solution Sudoku 296

1	4	9	2	3	7	5	6	8
3	5	7	4	6	8	2	9	1
2	8	6	5	1	9	3	7	4
9	3	4	8	2	6	1	5	7
7	1	5	3	9	4	8	2	6
8	6	2	1	7	5	4	3	9
4	9	8	7	5	3	6	1	2
6	2	3	9	8	1	7	4	5
5	7	1	6	4	2	9	8	3

Solution Sudoku 297

6	4	9	1	2	5	8	3	7
2	3	5	8	9	7	1	4	6
1	8	7	3	6	4	5	2	9
3	9	6	5	4	8	7	1	2
8	5	1	2	7	3	9	6	4
7	2	4	9	1	6	3	5	8
5	6	2	7	8	1	4	9	3
4	7	3	6	5	9	2	8	1
9	1	8	4	3	2	6	7	5

Solution Sudoku 298

9	4	7	8	6	2	3	5	1
2	5	1	3	4	9	7	6	8
8	3	6	5	1	7	4	9	2
7	9	5	4	8	6	2	1	3
6	1	4	2	9	3	5	8	7
3	2	8	1	7	5	6	4	9
4	6	2	9	3	8	1	7	5
1	8	3	7	5	4	9	2	6
5	7	9	6	2	1	8	3	4

Solution Sudoku 299

7	1	9	8	3	5	4	2	6
3	6	8	2	4	9	7	5	1
4	2	5	1	7	6	8	9	3
8	5	6	3	9	2	1	4	7
2	4	1	6	5	7	9	3	8
9	3	7	4	1	8	5	6	2
6	9	2	7	8	4	3	1	5
1	7	4	5	6	3	2	8	9
5	8	3	9	2	1	6	7	4

Solution Sudoku 300

6	5	2	4	1	8	3	7	9
3	7	8	2	6	9	1	5	4
1	9	4	5	3	7	8	2	6
8	6	5	3	9	4	2	1	7
4	2	3	1	7	5	6	9	8
7	1	9	6	8	2	5	4	3
9	8	1	7	2	6	4	3	5
5	3	6	9	4	1	7	8	2
2	4	7	8	5	3	9	6	1

HARD

Sudoku 1

		5			8	6	3	
6		9	7				5	8
		4	3	5		2	7	
				3	1			2
		6		2				4
						5	6	
		1					8	
3				8			4	5
9	5	8					2	

Sudoku 2

2								5
		8	5	7				
	3		9	6		8	7	
					1		2	
		6		5			3	
5		2		9	6	7	4	
7				1				
	5	9	7	2		1		4
6		1		3			5	7

Sudoku 3

					3			7
		4	7		6	2		5
			1		4			3
		8						2
9	6				7		8	
7	3	5			2			1
	1		4					
5	2	3	6					8
		9	2	7		1		

Sudoku 4

4					8			
		3	1			6	5	
5	1		6	7		8		
		6				2		1
2		8	3		7		6	
	5					4		7
1				6	3	5		
				5				4
8	9	5	2				7	

Sudoku 5

		2			7	8		
				9				6
						1	9	
		4	1	8		6		9
6		1	7	4		5		3
8	7			6				
	1	8				4		2
2				3	5		1	8
4					1			

Sudoku 6

1	4	7			9		2	8
		2	1			6		
		8	2		4			1
7				4				
	8			1		4	6	3
6	1			9			5	
					1		8	
		1					7	
9		6	8	5				

Sudoku 7

1	2					5		3
3		4				7	8	9
	5			8		1		
4			7		6		1	5
		5					3	7
	7			5	1			2
	4	1	9		2	3	5	
5							7	4
		9						

Sudoku 8

7			9		4	5	6	
						7		
2		5	7		3			
				3		1		
			6	9				
		6	2	1	7	9	5	4
	9					6		
6	5			2	9	4		
1	2		8		6		9	

Sudoku 9

1					5		2	
3		5		6			4	
4	8					1		
8	1	9	6				7	4
	5			4			1	6
				7	3	5	9	8
	7					4		1
		1	7	2	8		3	5

Sudoku 10

7						6		
3	6		4	8			1	
1		5	3	7	6			
5					8			
6	9	8			7			
2		3				1		8
4				2	1		8	6
		1	7			3	5	
						7		

Sudoku 11

2		4	3	5				
			6	4		8		
5	7		8		1	4	9	
3					8	1	4	9
				3	5			8
6								5
9	6	1			4		3	7
4		5		7	3			6
					6	5		4

Sudoku 12

						5	2	
	5			9	4		1	3
	1							7
4		3			9		5	
5	7			3				
		1	6				8	
		4		2		8		6
	9				6	2	4	1
	8	6			1	9	3	

Sudoku 13

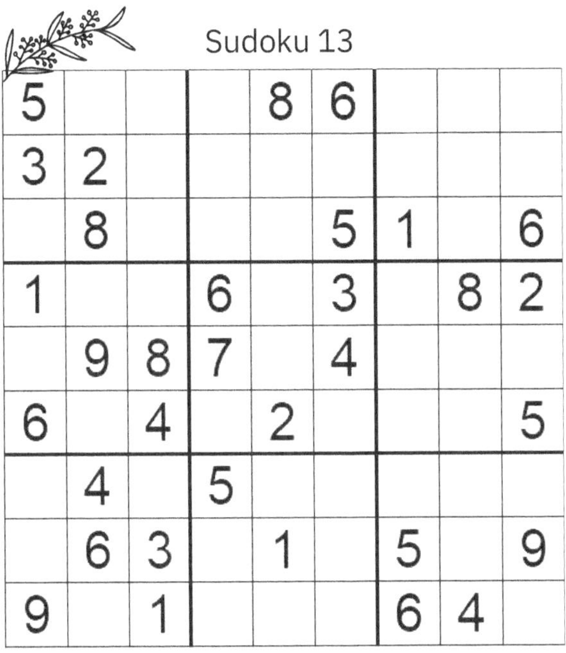

5				8	6			
3	2							
	8				5	1		6
1			6		3		8	2
	9	8	7		4			
6		4		2				5
	4		5					
	6	3		1		5		9
9		1				6	4	

Sudoku 14

		1				4		2
8								
	9	5	4					
					1		3	6
	7		9		3			8
1				2	8			7
9	4	6		5	7		2	
3	5	8	2				6	
			6		4			5

Sudoku 15

		8					2	
2		4		9			3	
	1		2	3	8	4	7	
8		2						6
			4	8				
3	4			5		7		9
5	2		1	6		8	9	
4					5			
		3						

Sudoku 16

8		9			7			
		5	4	6	2	9		
					9			
	7	8	9		4			3
	9				1			
				8		1	9	
	1			4	3	5		
5	4	3	2			6		
9		6				4	3	

Sudoku 17

4	8	5				3		
			8	4	3	5	7	
	3		5	6		2		
	9			3		7		5
			6		7	9		
	2			9			8	3
1			3					9
8				7	6	4		2

Sudoku 18

		7		1	8			
1	4		7	2		8		
8	9				4	7		1
3	6		4		7		9	
4		1					3	7
		8						
	3		8				7	
7		4				6	8	
	8		3	7		9		4

Sudoku 19

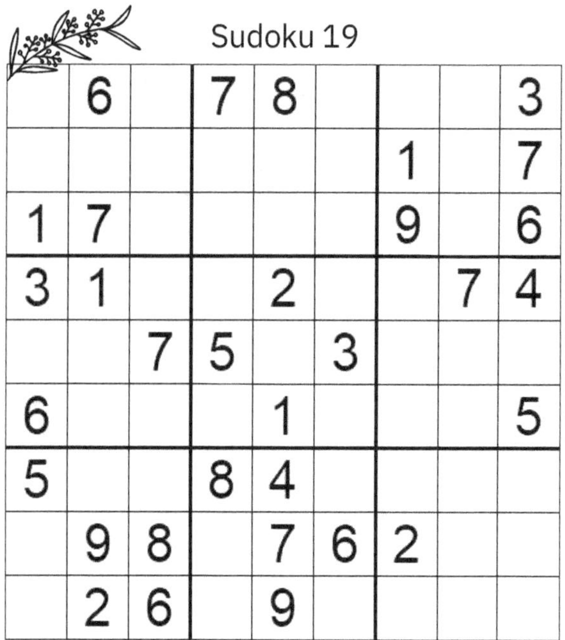

	6		7	8				3
						1		7
1	7					9		6
3	1			2			7	4
		7	5		3			
6				1				5
5			8	4				
	9	8		7	6	2		
	2	6		9				

Sudoku 20

5	9		7		4			
		6	3					
7	4	2		6	5		3	
6	2					7		
		7		2	1			4
4	5						8	
	3			4				1
9	7		1		8		2	
1	6					8		

Sudoku 21

9				1				
1	4			7	6			2
			3			9	1	
7					1	6	8	
		1	5		8		7	
	5			6	2		3	
5	1	7	8	2		3		6
	2		6					
			1	4		5		

Sudoku 22

	8		3	2		9	6	5
9		6			1		8	2
				9				
	7		6	3			1	
	2			1	7		5	9
	9							
		8	9	4		1	7	
3					8			
7		9			3	4		8

Sudoku 23

		4	2	3	7		6	
8		3	1					2
2				9		4		1
	1				5		8	
								5
4	2	5		7				6
		6	7			1		
9		2						4
		1	9	5		7		8

Sudoku 24

		9					1	4
				3		9		7
			9	2	4			5
6	5		8	7		1		
7				4		2	5	
	3					7	6	
	7		5	6			8	
9			4					
8				1		4		2

Sudoku 25

	5		6					8
	8	7			2		5	3
		1			3			4
	3				8		4	
		2			5	1		7
		5	1			3		6
5				4		7		
7	4	3						
9				5	7	4	3	

Sudoku 26

7		6			4		3	1
	8	4		9			2	
			2	3		7		4
	4			1	3			5
1		2			7	8	6	
6	3							
		9	3	4	2			
4			9		5	3		
2				6				

Sudoku 27

	7		1					
		5		8		9	6	
9		1	2	6		8		5
4		8				7	9	2
	1	3		2		5		
5			7			1		
	8	4					1	
					4	2		3
		2	9					7

Sudoku 28

		6	3		1	2		
4			9	8				
7				6	2			9
		4		1			9	
	5		2			4	8	7
	2		8			1		
3				2				
		9	4	3				
	1	5		7	8		3	

Sudoku 29

		3	7		5		8	
5	2					7		3
			3		1			
	4				9	1		
			6	4				
	9	6			3			5
	5			8		4		9
		4			7	8	5	
9				1				7

Sudoku 30

6			2		7		5	
5	3							4
7	1					2		
		5		7		8		2
			9	5				7
2	4				6	9		5
1							3	6
				4	8	7	2	1
4				2				8

Sudoku 31

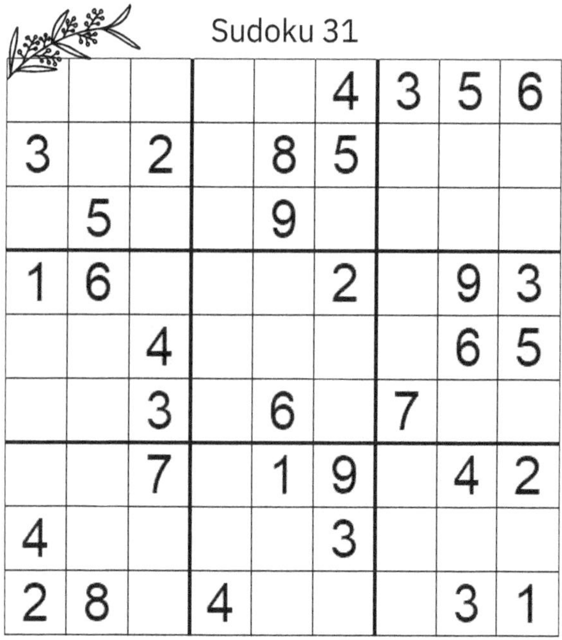

					4	3	5	6
3		2		8	5			
	5			9				
1	6				2		9	3
		4					6	5
		3		6		7		
		7		1	9		4	2
4					3			
2	8		4				3	1

Sudoku 32

4				7			3	5
								9
2			9	5	6	4	1	
				8	1	3		
	2				7			
6		7		2		9		
	9			6	8	2		
		1		3				
8	5				9		6	

Sudoku 33

			1		6	5		4
1	2			3		7	6	
					9	1		
4	7		8	5	2	3		
	8	1	9	6		4	7	
5		3						2
7	1						9	
8			2					
	4	6	3		1			

Sudoku 34

1				3			9	7
				6	8			3
	5				9		4	8
5		6						
9				7	1	4	6	
	7	4						
8	4		9	2		1		6
			1					
3		1					8	4

Sudoku 35

1	3		8			5	9	
	8					7		
7	2	6		5		1		
		1	2	8			5	
				7		3		1
	7	3		6	5			2
	1						3	
8		9	7				1	5
3				9				

Sudoku 36

		7			3			
	6		9		8	1		
3		9	4					2
		2	6		7			4
7		8		1		9		
			8	3	9		2	
6			1	8				
	4				5	8		
8				4				9

Sudoku 37

		3			4	9		5
	9	5					4	
	2	8		9		7	1	
6			3					2
5		9	8		2			
		1		7				
8					5		9	4
9			2					1
		2			7			

Sudoku 38

2				9	5		7	
			6			2	3	
1		8		2	3		5	9
	1							
		6		5	9			4
8			4	3			6	
	7	1	5		8	6		
5	4				7			8
		3	9				4	

Sudoku 39

		5		4	3			6
		4		5			9	
3	9	7	8					1
4				3			7	9
	7					5	6	
1				2				4
				7		6	4	
	4	1			5		3	
	6	8						

Sudoku 40

2			6		5	4		
8						1		
				3	8	2	5	6
3	2			6		8		
				5				9
5							2	
4		9	5					1
		2		1				7
7	3	1	9			5	4	

Sudoku 41

7	9		4	3			5	1
5			6			9		2
	4	1						7
3					6			
	6	7			3			
				7	5	1		
			2			4		
4				5	9		2	
			3	8	4	7		5

Sudoku 42

	1				7			4
8						3		
	2	9				7	1	
2	4				3	9		
		1			4			
6		5	8	7		1		
			3	4		6	8	
			7			4	3	
3				9			2	1

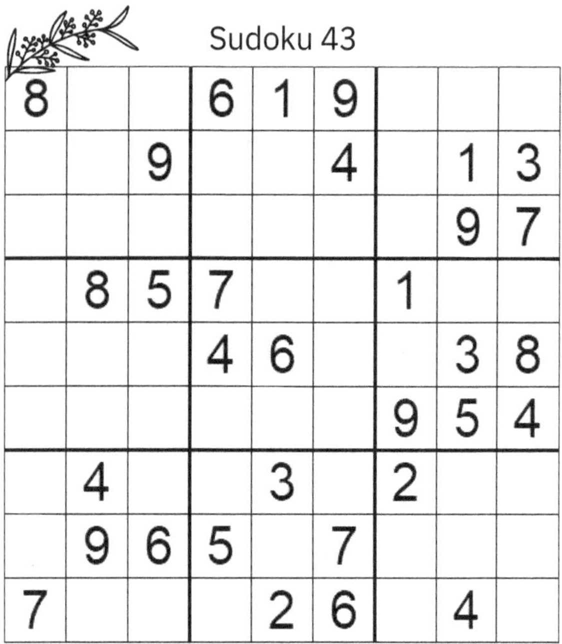

Sudoku 43

8			6	1	9			
		9			4		1	3
							9	7
	8	5	7			1		
			4	6			3	8
						9	5	4
	4			3		2		
	9	6	5		7			
7				2	6		4	

Sudoku 44

		4	8		7	3		1
3		9			4			
		1		3	9	4	6	5
		8					1	
7	9	2			3	6		
					6			
4	2		3					9
						1		
5		6	9	7			3	

Sudoku 45

		5	7			9		
				1	3	7	6	
		3		9	2		5	
			2					6
5		6		4		3		1
	8	1	6	3			7	
		8					1	
		4				2		9
7	1	2	9		6			5

Sudoku 46

				6	2		7	9
	2	9		4				
	8	7					1	
4	3		2	1		7		
		6	3				2	
	9	1				8	3	4
			9	2		3		
	6	8	7	5				
	5	2						

Sudoku 47

	3			9			5	4
		1	6	4			7	
5		7	1	2	3		8	
	2							
1	6	5					2	
				6				
2	9		4	3			6	5
				5		4	9	
					7	3		

Sudoku 48

7	6			9		8	3	
		3	8	7	1		4	
9			6		4			
							9	
		1	3					8
	7			8		1		5
					3	2		
	3		9	4			6	
	9	6		1	2		8	3

Sudoku 49

		8				9		
	9	1			5	7	2	
6	2	7	3			1		
				5		2	3	
	6		7		3			4
	3			1		8	6	
	4	9			1	6	7	
							8	
	1		4					5

Sudoku 50

			7	2				
		3	1					4
	6			4	5			1
8	3		5		2	1		6
			3	1		7		5
1		5		8			2	
9		8		5				
	5		9			8	1	
6	1			3				

Sudoku 51

7					3		9	
9		5		6				2
3			9		2			1
	3		8	9				6
	9				1	3		8
				3		9	2	4
			2	7		1		3
	8					2		
			3		4	6		9

Sudoku 52

		2						
								6
	1		4	9				
		4	3		2	8		7
1		6		5				2
		7						9
4		8	6			2	9	1
7			5	4			6	8
		3	1		8	5		

Sudoku 53

3	1		6			5	8	
		5			9		4	
	4				2		1	
		3		8	1		6	4
1	9		2		6			7
		8	9	4	7	1		
		9					3	
	3		4		8			5
	5							1

Sudoku 54

2	3	5		7				
4					6			
	8	7		5		4		
	1		6		3			8
3	4			2			9	
7			5			3	1	
8		4	2					
	2				5		7	
	5				8	2		4

Sudoku 55

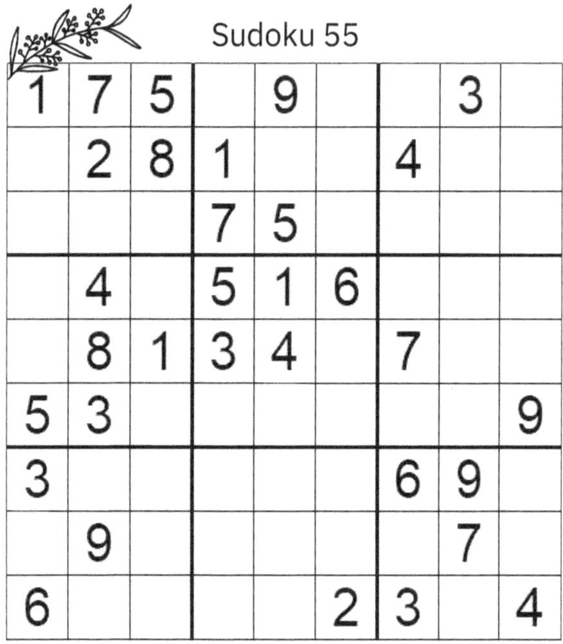

1	7	5		9			3	
	2	8	1			4		
			7	5				
	4		5	1	6			
	8	1	3	4		7		
5	3							9
3						6	9	
	9						7	
6					2	3		4

Sudoku 56

	1		8	9			2	
5				3	6	1		9
		6	2				8	
		8	9	2	4	6		
7	2		5					
1				8		4	5	2
	9		1			2		
			3		9			
	3	5					9	

Sudoku 57

	3	1		2				4
4			8				2	
		2						8
3	9			5	6		1	
	4		7			9		
					4			5
	2			4	8	7	6	
1	7				5			
6	8		9	7	2	1		

Sudoku 58

			8	7			5	
7		5	6	3				1
		4	5		9		8	
	4	1		8		3		
		9	7			2		5
5			9					
2				6		5		7
			3		2	6	9	
4					7		3	

Sudoku 59

				2			7	
1				5	8			
		5			3		4	
7							3	
9	1			4			8	2
			8			6		
3			7	8	1	9		5
	2				9			
5	9	1	2				6	7

Sudoku 60

7	1				8	5		
8	2	9			4			
		3	2		1		4	
	3							
4		8				9	2	
	6	2	4		9			
	9		5			3	8	1
				1				
3				2	7	4		5

Sudoku 61

	1	5	8	3		7	4	
	8					3		6
		7	4	9		5		
				7			3	
							5	
9	2	3	6		1	8	7	4
7			9					
8				2			9	
1				8	7			3

Sudoku 62

5	4					7	9	
	3							
8			4		5	1	3	6
9			1	4		3		
	1		6		2		5	
3	7						1	
7	5				1			
		3	8			5		
	8		5	6		4	7	3

Sudoku 63

8	3			5				9
	2	9	4	8			5	
6				9		7		3
				6	8			
2						3		1
			3	4	1		9	
1		7	5					
	9		8			6		5
4	8	5	7			9		

Sudoku 64

7	5		3	9		4	1	
					6	9		3
							7	2
					3			4
9		8			7			
		1		2		8	3	5
6		7		3		5	8	
8			7	5	4	2	6	
2		5		6				

Sudoku 65

			3			1		
8		2	5	9		7		
		5			2	6	9	8
			6	4				
	7	4	8		5	9	6	
2								
	9	7						6
3			7			5	8	9
		6		5		2	1	

Sudoku 66

3	8		7			1	5	
4			5			8		
			8		1	7		4
			6		2	4		
				5	8		9	
		6			9			7
6			3			9		
		3		8	5	6		1
	7	9	2				4	5

Sudoku 67

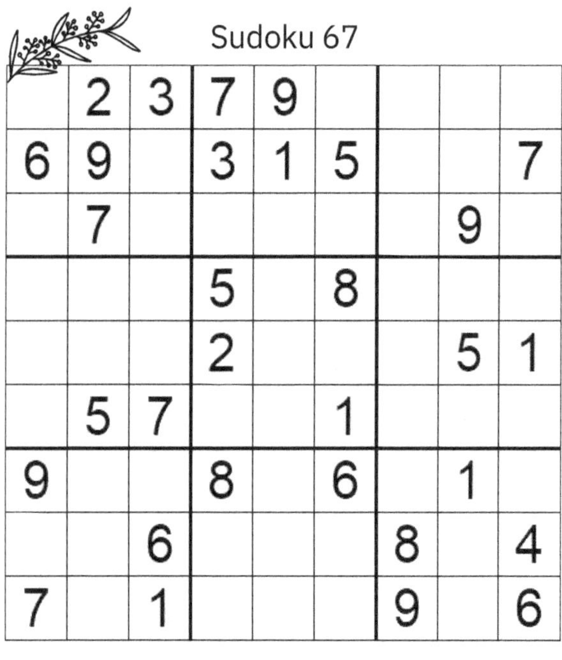

	2	3	7	9				
6	9		3	1	5			7
	7						9	
			5		8			
			2				5	1
	5	7			1			
9			8		6		1	
		6				8		4
7		1				9		6

Sudoku 68

	4		1	6				
	7	2				8		
	6				8			
2	1	7	8	9	3			
6	8					9		
		5		1	4			
			9		6		4	2
4							9	3
1				4	7	6		5

Sudoku 69

	4	1		6				
5		8		4			3	
6			5				1	
8	6		9			2	7	
	7	5				1		
				7	6			
	5	2			4		9	1
3			1	2		6	5	
	1				9		8	

Sudoku 70

		2	8	3				7
	6		2	1	7	9	4	3
	8	5	4	6				1
	3				1	7	8	
							6	
		6						
	9			8		6		
2			6		3	1	9	8

Sudoku 71

	8						1	4
	4		2		1		5	8
			5			6	2	
	2			9	8		4	
5			4		6			
	3				2	8		6
8	5		6				3	1
	9	4					6	
	6	1			5			

Sudoku 72

		2		3	7		8	4
	9	8				7	5	
	7							
		9	8				4	3
	4		3		5			1
		3		6		5	9	
			4	1			7	
7		6						
4	2					3		9

Sudoku 73

4	1		7					
					4	8	5	
8		5	9			1		
7				3		4		1
2	6	3		7			9	
		4	2	8		6	7	
		6	1	4	3	7		
				2				6
			8	9				

Sudoku 74

			6		2	8		
		4	5			3	2	
	8	9		1				6
8				5	4		3	
1	9	2		7			6	4
	6		1	3				
3	4	1	7	2		9		
				9	5	6		

Sudoku 75

	4			9		3		
1	6	8			4		2	
	5	3	2		1		4	
		1			2	7	5	
		4						2
					5		3	
		2	3			4		
4	1		8		9			
			1		6			8

Sudoku 76

4			1				3	6
				7	9			2
6				3	4	1		
				8		3		
	1						9	
2	5	6	4	9			7	
		8				6		3
		4			5	9		
				6	2		1	7

Sudoku 77

			9	7	4			
	5	9	1	3	2	8	4	
2					6	3		7
9		1			7			8
4	7					1	6	5
		5			3	7		
			2		1			
3	4				8		5	
1		2						

Sudoku 78

	9		6	1				
	6		4	7		8		
				2		3	7	
7		9		4		1		
2	3		5	9		4		7
1						9		
	4					2	9	8
					4			3
				5	2	6		1

Sudoku 79

		6	7		9	2		1
	9		1	3			8	4
3		8	2			7		5
								6
		9	6			1		3
			3	9			4	
		1	9	5				2
					3	5	1	
	6	5			2			

Sudoku 80

		3			2		7	6
		6	7		3			
	7			8			2	1
							4	5
9		2	4		6			
			3		8	9		2
			5	2				
	6		9					4
7		1	8	6	4		3	9

Sudoku 81

4	2		3			1		
1	9				4		6	
	3		5	1	9		2	
	6			4				
		2	7					
3					2	8		
6	8			3				2
			9	8		6	4	1
		4		7		9		

Sudoku 82

		8		7	5		9	2
	4	7						
3	9	5			1		8	
	3	6			8			1
		4		2	3			
8		2		9				
		3		1				
	8	9		3		1	7	6
7						9	2	3

Sudoku 83

4		9		5	7			3
8				3				
6		5	9	8	4		2	7
3		4	5		1	6	7	9
	5			7		4		2
			4	6				
7	1				3			
	6						9	
9								

Sudoku 84

	8	5			4			
3	1				5		2	6
6				3	1	5	7	4
8			1					
	9		5				3	
	5			2				8
		8						3
5	3		9			1		2
			4					

Sudoku 85

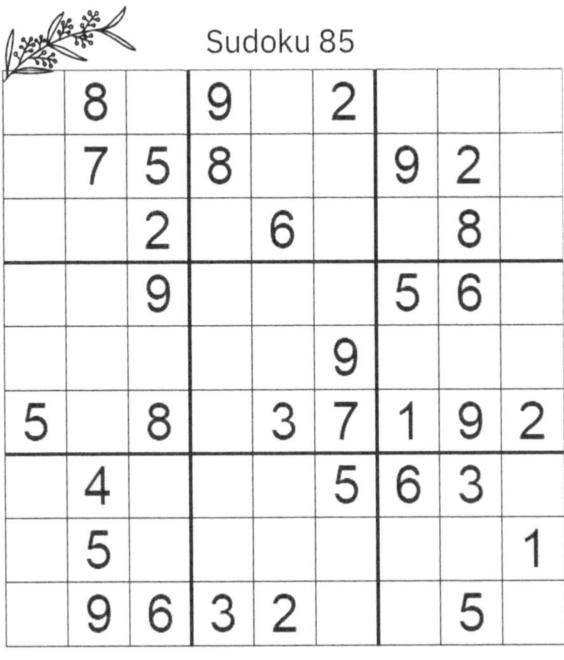

	8		9		2			
	7	5	8			9	2	
		2		6			8	
		9				5	6	
					9			
5		8		3	7	1	9	2
	4				5	6	3	
	5							1
	9	6	3	2			5	

Sudoku 86

	9		8		2		7	5
7								
4			7	3	1	8	6	
			2	5	7			8
	2		9		4		3	
				1		4		
	4		3		5			
	7						9	
5		9	1		8			6

Sudoku 87

2			6				8	9
		9	7			6		
	1		8		2	7	3	5
	2							
	9	4	1	7		2		6
			2				4	
			4			5	6	
7		2	5					
8				3		1		7

Sudoku 88

4				5	9		8	
						9		
1			6				3	5
	9	1			7		6	
	8	7	9				1	
			8		1	5		
	2	4			8		9	
						8	4	
	1	6	4	9			5	2

Sudoku 89

7		8					9	
	1	6						
5	2	9	8			6	1	
8	7				6		4	3
2					9	8		1
			4				2	
	4			9				5
					4	2	7	
6	8			5		4	3	9

Sudoku 90

			8		1			
	5	2		6		8		
					5			1
		8	1				2	
	2		6			5		7
		9	7		8		1	
	4	3			6	1	5	
8	1			4		7		
2					7	3		8

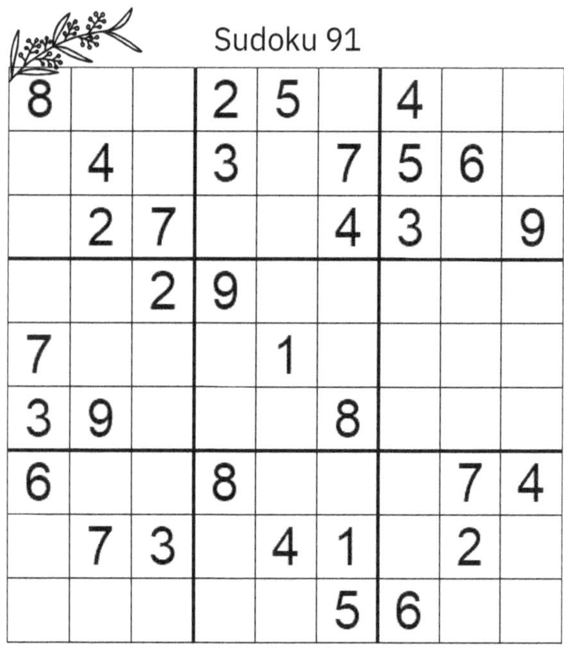

Sudoku 91

8			2	5		4		
	4		3		7	5	6	
	2	7			4	3		9
		2	9					
7				1				
3	9				8			
6			8				7	4
	7	3		4	1		2	
					5	6		

Sudoku 92

3			9		8	2		
	6					1		
	7	9		3				4
6	5					9	2	
8		3		7	5			
			6	4	9	8		
9			7			3		
	3			9			4	
	1	6			3			

Sudoku 93

7				9		4		
	2	9		4			1	6
4	3				8			9
	6				9	8		
					6	9		2
1	9	8	4			3		
			5	3	2		9	
9				1	4			
5				6		1	2	4

Sudoku 94

4			3	8	7		5	
6	3		2		1	7		
			9					
	6	9		3	5		1	
				6				
						3	6	4
			6				8	9
8					4			
	4	3	5		8	1		

Sudoku 95

		7	4			6		3
	3					9		
1						7	5	2
5				2			3	6
						2	9	
		2	8			5		7
3		1	2	5			6	9
4		6	3	1	7	8		5
	2							

Sudoku 96

	1	9			2			3
8	2					5		
							1	
				9	4	3		7
6		4	1		7		9	
	7		3		6	1		
		1	7		5	8		
	8	6		3	9	7	5	
		7	2					

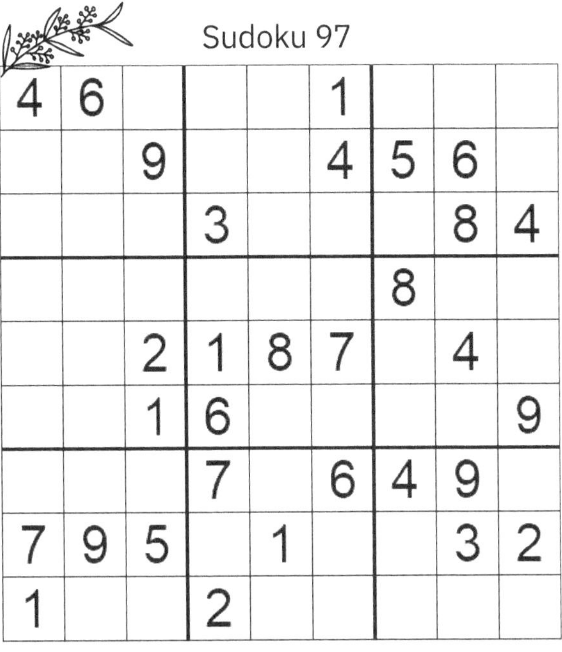

Sudoku 97

4	6				1			
		9			4	5	6	
			3				8	4
						8		
		2	1	8	7		4	
		1	6					9
			7		6	4	9	
7	9	5		1			3	2
1			2					

Sudoku 98

	4	8	9	5			6	
	7	1			8			
					4		3	7
8		3	6				9	
4				9				6
6			4			3		1
					6		5	8
	2	4		7				3
1					2			

Sudoku 99

	4	8		7		5	1	
1			2	4	5			
			6		1			
		6					4	7
4			5	6		9		
	8	1	4		7	2	5	
7				1			3	
5		2						
			7			6		

Sudoku 100

1	4	3			2	9		
	5		9	1		3		
9	6				4			5
3	8			6	1	7		
6				3		4	8	
		4	5		9			
		1						
				2		8		
8	2	9			5		1	

Sudoku 101

9			6	8		5	7	2
			7		2			6
	6						9	
1		2	5					9
4	5							
6	3					7	5	
				2	7	6	4	
		4	1	6				
7	2	6	4	5			3	

Sudoku 102

				2	9		4	
								9
		7			4		8	
7	1		3			9	6	
3				1		7	5	
	4		6	7	8			
1	8	4				5		
			8	9		4	7	
		6			3	8	1	

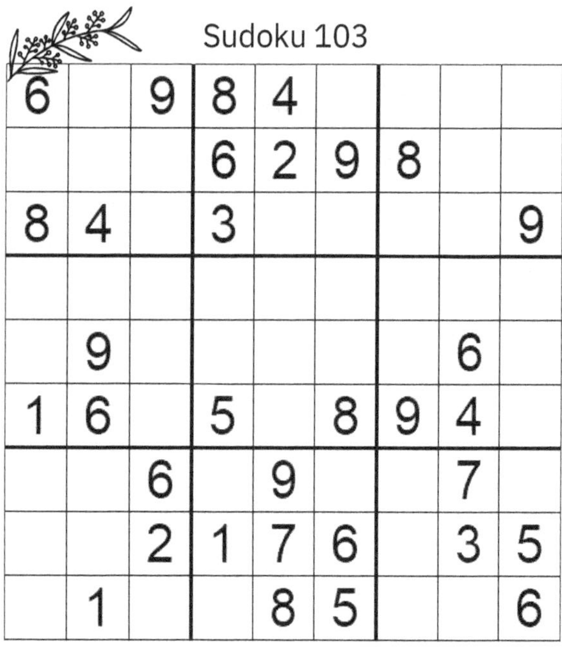

Sudoku 103

6		9	8	4				
			6	2	9	8		
8	4		3					9
	9						6	
1	6		5		8	9	4	
		6		9			7	
		2	1	7	6		3	5
	1			8	5			6

Sudoku 104

2		1						
7	3	5				8	4	
		8		5		1		
		7	6				3	
	2			9	5		7	
	1	9			3	4		5
						9	2	
		2	8					
9	5				2	3		8

Sudoku 105

	7		8	6		2	1	3
	3			2				6
2	6		5					
				4				
4	2	6				8	9	
			1	8				7
		3			8		2	5
7				5		1	3	9
			4	9				

Sudoku 106

		2	6	3		5		1
	6			5				
9			1			2	3	
		8					5	
2	7		5		3			9
	5				1		2	
8	1				6	9		
						3	6	
5	2				9		4	

Sudoku 107

			6	2		7		5
5		9	7		1	2	6	
7	2			9	8	1		
			9		5			
3				6				1
			3					
	6		4			9	5	
2	5					3		
		7		5			1	4

Sudoku 108

8						4		
		2		6			7	
6					1			2
2				5	7			
5	7				6		3	8
		6	1		8			
				4		6	2	3
9	2		6	7	3		4	
4					2	9	8	

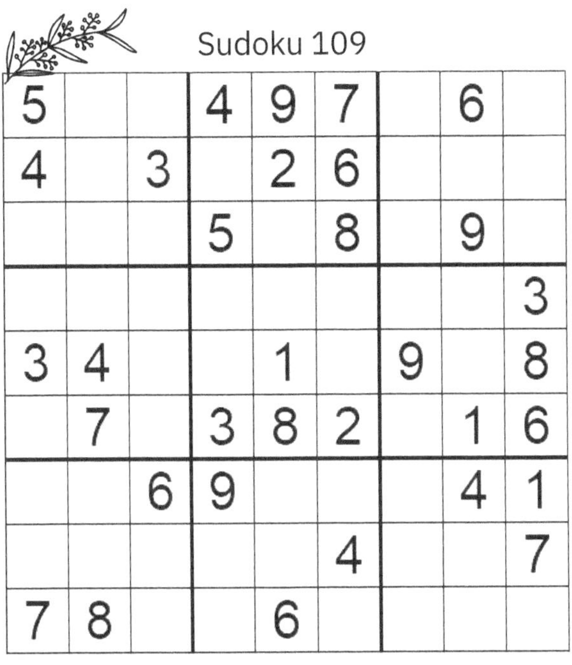

Sudoku 109

5			4	9	7		6	
4		3		2	6			
			5		8		9	
								3
3	4			1		9		8
	7		3	8	2		1	6
		6	9				4	1
					4			7
7	8			6				

Sudoku 110

1				5	3			
	8	5						
	9		1	2			8	
3			9	1				6
9		2			5		4	
	6		2	8				
		1	6		8			
	7	6		9		8		1
8		9	4			5		

Sudoku 111

9				4			3	5
	5	8	9			7		6
		6	2				9	8
1	8	4	7	2	9		5	
					1	4		7
6				8	5	9		1
		5			4		6	
							7	
8								9

Sudoku 112

	6		5	8		1	7	
						9		
				2	7		6	
	1		3				2	
6		3			8		9	
		8	6	1		5		
		4			5	2		9
8	3				1	6	5	7

Sudoku 113

	3					9		1
9						8		
		2	9					5
7	9					1		
5				4		2		3
8					6	4		7
1	6		3				2	
	5		2				1	9
2	4		5	9		3	6	

Sudoku 114

			2	6		9	1	
		2	4					5
9		8	3	7				2
	2	4		5	3			
							8	9
7	9		8	4		2	5	
		6		3		7		4
4				9				
	7		6					1

Sudoku 115

							1	9
		1	3		6	5	8	4
					1			6
6		5		3				
8	2		5			4		
	3	4	6	2			5	
			1	6		7	4	
4					8		2	1
	1		4					

Sudoku 116

		4	7		3		6	
7				9				
9		8				1		
		6	9		5			4
	5				6	7		
4	9	7				6		
8		9	1				3	6
6		5	3					
	2	3	6	5	9			

Sudoku 117

1			4					3
5							4	
7			5		3	1	9	6
			1					2
6			9		4		8	
3		7		6		9		
	5					8		9
2		6		5		4		7
9		1					2	

Sudoku 118

	7		6				4	
5	6	1	4				2	
		4		2			6	
		5			4		7	8
	9					6	5	2
	8		7	5		4		
9		6	3				8	7
		8	5	6			3	
7		3			2			

Sudoku 119

	5	1					7	
9					5	4	8	
8	4		3		7		9	1
5				4			2	7
1			8		9		6	5
						8		
3			2		8			9
4	9							
	1		4	9	6			8

Sudoku 120

	7	6	5					4
				9				7
		4		3		9	1	
1			3			8	4	
		8	9	2				
6	4							
	6			8	9			
2			1			6	3	
	9	5	6			2		

Sudoku 121

		3			5	6	1	
			2					
2		5			9			4
		7	5		6		8	
		4			3		9	
				8	2	1		7
		8	6		4			9
	6			2		4		
4			3			7		8

Sudoku 122

					4		6	2
		7		9				
		6				8		9
					8			
1		4					8	5
	5	8				2		
5	4	2	7	1		9	3	
	3			8	2			7
	8	1	9	5	3			4

Sudoku 123

3				2	1	9		
2	7			6		3	4	
	6	9	3		7		8	
6			1	9			5	
								8
	8				3	2		
		6	9				7	
	3		5	1				
	4	2			6		9	1

Sudoku 124

6			1		9	7		
			7		6			1
	9							6
			6	2	4	5		
	7	4	8				3	
				3		8		
2	5	7						
3		6				1		7
4	1		5	7	8			

Sudoku 125

	5		6			9		4
	2				7		1	
			8					
					3		4	
		7						
				2	4	5	6	7
5	9	6	2			8	7	3
		8		7	6	4		9
4			3					6

Sudoku 126

				2				
	4	9	7		5		2	1
	7	2			1		5	8
	6	7				3		
2		8	4	7	9		1	
1			3	8			7	2
	2			5			4	9
			9		7			
								7

Sudoku 127

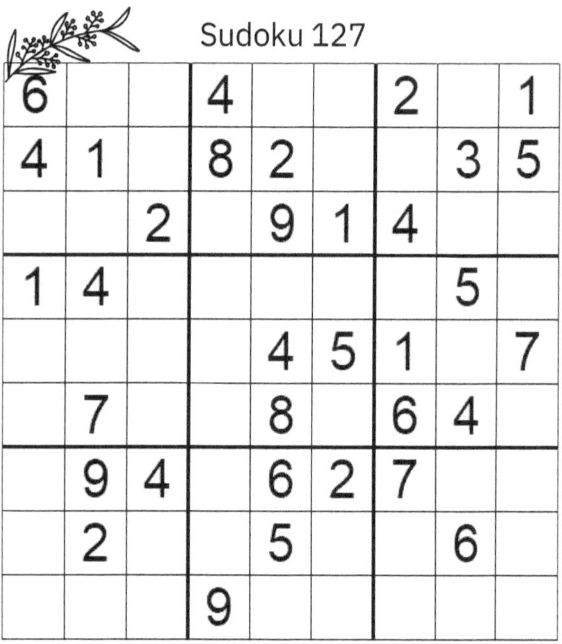

6			4			2		1
4	1		8	2			3	5
		2		9	1	4		
1	4						5	
				4	5	1		7
	7			8		6	4	
	9	4		6	2	7		
	2			5			6	
			9					

Sudoku 128

7	8			2				1
6					3	4		
			5		7	2	8	
3					9	1		
	1			4		8	6	
		6	1				4	
4	7	5						
2		9	4		1			
				9	6	5	2	

Sudoku 129

7		9	1		8		2	
1							6	7
	2	4		9	7			
4	1			3			8	
5		3						
2			8		4	6	1	
			2	7	9			
		1						9
9	7							

Sudoku 130

	4				9			
					5	9		
		3					4	
	8	6	9	4		1		5
4		7	8	5		2	9	
5				2			8	3
8			5	6	2			
		2		9				
6								4

Sudoku 131

	8	7		1		5	6	2
	9				7			
	4		5		2		7	
9	6	2	3	5	4			1
	1			2		4	9	
							2	
		6			3			
4				8		9	5	
8			6	4			1	

Sudoku 132

6	2			4	8			5
3								
	7			2	6	8	3	4
	9		8					2
	6				5	9		
					9	4		
		3	9					8
			4			6	7	3
	4		7	8		5	1	9

Sudoku 133

			4			6	8	
	7	8			5			
		6	3	2	8			7
4	8	7				2		9
	1	2		4			5	3
			8					
	3	1	2					
5	2		7					
		9		3		4		

Sudoku 134

9		2		7		6		
5	4	7	3			8		
6							4	
					7	1	9	
7					9			5
1					2	3	7	6
		1						3
		6					5	2
2		5	6		3	4	1	8

Sudoku 135

		3		8			4	
				5	1	7	2	
2	9			7				
							9	
5						1		8
6		2				3		
			5		3	8	7	
			1	4			3	5
3	8		7	9	2			

Sudoku 136

			1			6	4	5
5				7			3	
			4		6			9
3		9	8	2				
			7			3	9	
								1
	3		2	6		5	1	
2		4					6	7
1	6			9			8	

Sudoku 137

9	3	7				4		1
		4					5	
2	5				4			
	9	3					1	
		5	4		1	2	3	9
				8	9		4	5
				9	6	8		
		9	1		8	5		
			5		2	1		6

Sudoku 138

	1			3	7		4	9
6	9	4	2	1		3	8	
	2					5		
						9	2	
			1	2				
2	8	7						
3	5	2		6				1
	4	9					7	
		6		5	1			2

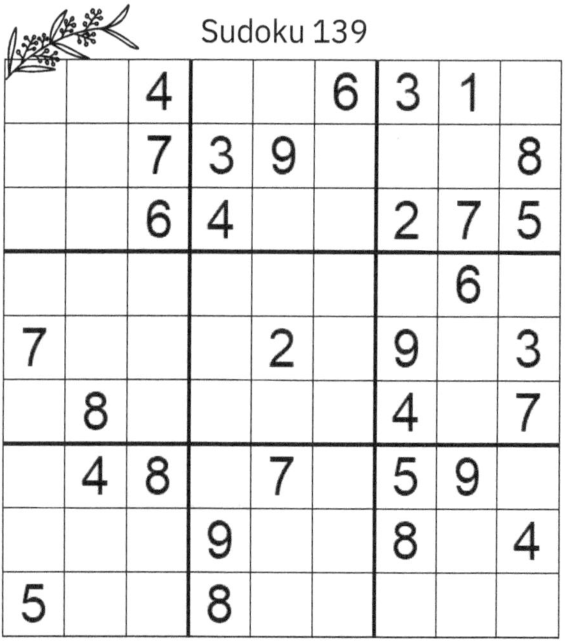

Sudoku 139

		4			6	3	1	
		7	3	9				8
		6	4			2	7	5
							6	
7				2		9		3
	8					4		7
	4	8		7		5	9	
			9			8		4
5			8					

Sudoku 140

	6	8	2	7				
		4						
		9				7	8	
		3	6	1		8		4
1			4				2	
					8	6	1	3
				4				
8		1	3	2	7		4	
	4		5		6	1	7	

Sudoku 141

	1			5	2	7		
				6		2		8
				8	9			
		3		4			8	
	8	7		1				4
			8			5		3
3	4				5			9
		9		3		8	1	
		2		7		4	3	

Sudoku 142

			1		2	9		3
			7	3				
2		1	5	9		4	7	
	8							
4	9	5			7	3		
6				2			9	5
9	5	4		7	1			
	2							4
7			8		3	5		

Sudoku 143

4				5				7
3	5	2			6	9		
2		5	9			3		
6		7	4			1	9	2
9			3					
					9			8
1				4	8		6	
8	7					5	1	

Sudoku 144

	4			1		2		3
		6						
			2		9		5	4
2			1	3	7			6
	8							1
	9	1				3	4	
4	7		9				8	5
		2	5	4		7		9
5	1							

Sudoku 145

1	4	7					6	5
	3							
5			7		1		9	
						6	7	8
3							2	
		4	9			3	5	
	1		8				3	7
	5			6				2
4	2		5		9		8	

Sudoku 146

9		6					1	
	8	1				9	6	
					6			
			5	8	9	4		
		5	3	6			9	1
		9	2				8	5
5	3			4				
4				9			3	
		2		3	5			8

Sudoku 147

	1	8					9	
2			9		3		7	8
5		7	6		8	1		
6			1		4			
		1		7			2	
						6		
							4	5
7	6			9		3	8	
		4	8			2		9

Sudoku 148

					7	8		
	9				2	1	5	
	2			3			4	
2		3			1			
1			2				8	
6	5		8	9	3			1
				1			9	5
	7	5		2		3		8
8					9		7	4

Sudoku 149

5	6		4	8	3		9	
7							3	6
				9				
				5				8
					9	1	6	
		3		6	8			4
			8		5	3		2
							5	
3	8	5			4		1	7

Sudoku 150

5	7		6					
	2	8	9	4				7
	4	1	5			8	6	9
7								
	6	2			5		8	
8				2		6		
4				9				
9	1	7			4		2	
2		5	7	8		4		

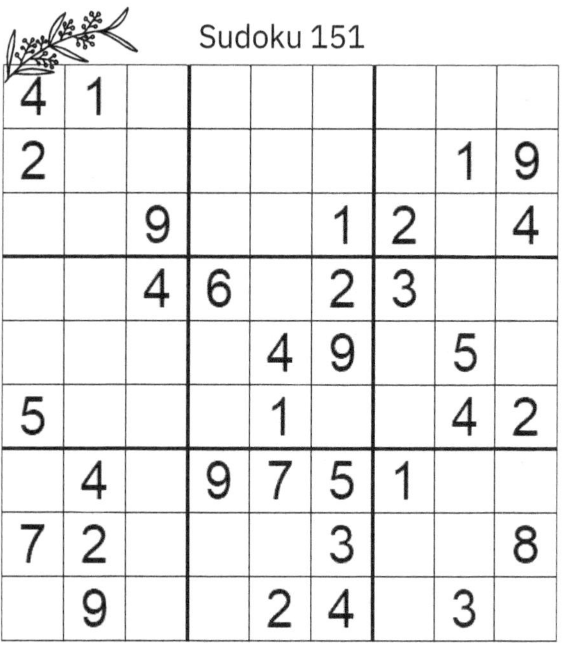

Sudoku 151

4	1							
2							1	9
		9			1	2		4
		4	6		2	3		
				4	9		5	
5				1			4	2
	4		9	7	5	1		
7	2				3			8
	9			2	4		3	

Sudoku 152

	7	8	2	9				1
	6			8				
9	4			5		2	8	
							3	
6			1				9	
2	5	1	7					6
4		5	9					3
					6	5		
	2					9	7	4

Sudoku 153

		6	8		7		4	
	4		3	6				
				4	1			6
							9	5
5	6		1	9	3			
				2	8	1		
1	2	9						
4	3			1		6		7
6		5		3	2			

Sudoku 154

4			1					6
	2	1		6				
5				3	2			1
	7	9			4		6	3
6	8							
2				1	6		7	
			7		5		3	4
8	5				3			7
	3	6				5		9

Sudoku 155

1		7		3		4		8
6	3		7		4	2		
4		9		6		7		
5		1			2	3		
9	8			1	6			
		3	8		5			
					1	8	9	
		5		8		6		
					7		3	

Sudoku 156

4	1	7	5	6				8
9		3				2	6	
6				9	4			
3			8			7	2	
					6			
		5		2				
					1		4	2
8	4	1	2	3	9			5
5					8	1		9

Sudoku 157

					4			8
		3				9		
			2	6				
		6	4	3				
3		4				6	2	
7	8		6	5	2		9	3
6			8	2		3		9
	4		7	1		5		6
			9		6			7

Sudoku 158

				4				
	8			9	2		4	
	1		8	3	5		7	2
	2	9					8	5
			2				9	
		5	3			2		
	4		9			7	5	
9			5	1	4			
2		1					6	9

Sudoku 159

1		5	3		6	8		
	6				4		3	2
			9	8			5	
			2					1
							2	
		4	1		8	5		6
5	8	7		9				
	3		7			9	8	
	4	2	8	1			6	

Sudoku 160

9	2							7
6					7		5	
	3	8		5				2
				7			2	8
		2	4	1			7	
			5	8		6	1	
2					5	3	4	
4				6				
	7		1	3			8	6

Sudoku 161

9		6				4	2	
	3		1					7
		4						9
	7	1		3	5	9	4	2
	2			4	1		5	8
				7			3	6
5	9	3	4					
	4	7			6	2		
			7			5		

Sudoku 162

		8			7		1	
4	1	2	6	3	8		5	
	9		4			8		
1	3	6	5	7				
8		9	2		3		6	
2		7						
				2	5	8		
5			1					2
								1

Sudoku 163

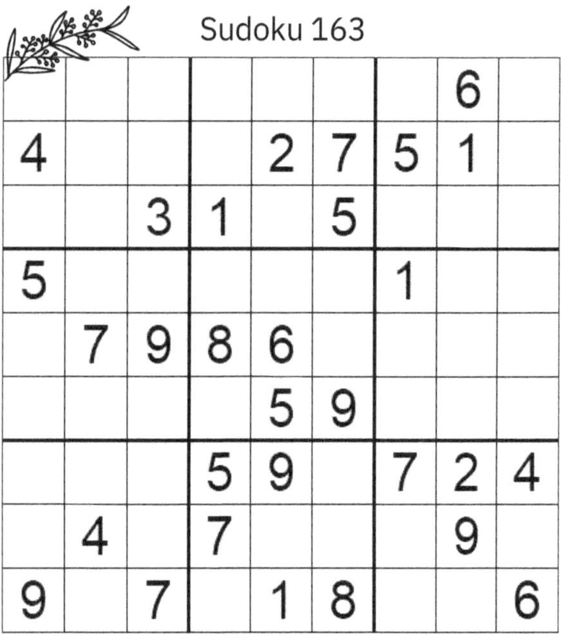

							6	
4				2	7	5	1	
		3	1		5			
5						1		
	7	9	8	6				
				5	9			
			5	9		7	2	4
	4		7				9	
9		7		1	8			6

Sudoku 164

			2		1	4		
	2	9					8	
4		1	7					
	4	2	3	5				
3	8			9			4	
			4	6	8			2
2	1							
8			6			2		
	6	7	8				9	3

Sudoku 165

					2	4		
4		6			9	7	2	
	2		4				3	
	4		9			1	7	
3					7			4
		7					6	8
7			3	8	6		5	
				9		3		
8		3	5		1		4	

Sudoku 166

2		6	3			8	4	1
4					1	3	5	2
				2	7		6	3
9	3			1				
6					4	2		
3	2	9						7
		1	6	9			2	8
8						9		

Sudoku 167

	2					5		
	3		7		9		4	
6		7	4		5	3	9	
	5						1	
	1	4				9		
2		6	1	9		8		
			2	6				
			9					8
1	4	3	5	7		2		

Sudoku 168

		5					3	9
3	9		5				7	1
					9	6		
8	7	9		4				6
			2	9				
	5			6	1	3		
6		7						
	8	4	6			5	1	2
5				1	8	7		

Sudoku 169

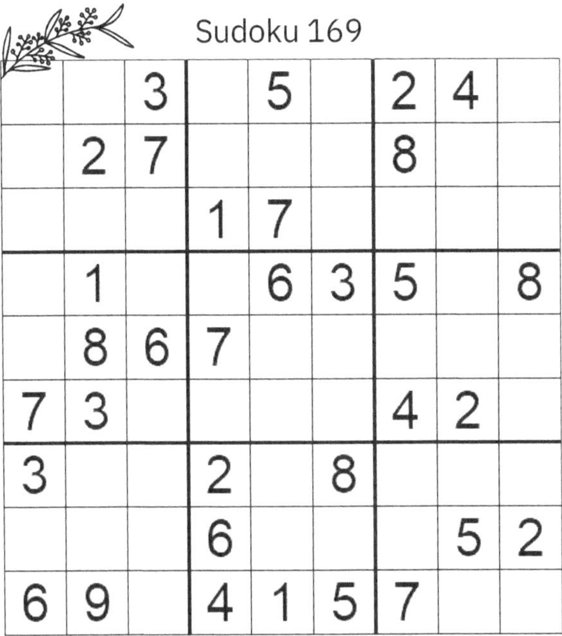

		3		5		2	4	
	2	7				8		
			1	7				
	1			6	3	5		8
	8	6	7					
7	3					4	2	
3			2		8			
			6				5	2
6	9		4	1	5	7		

Sudoku 170

						2		5
					3		1	
8	1	4	5		2			
								9
		8	2		1	6	5	
7	6			5		1	8	
		7		4	8			
	5		7	3	6	9	2	
	8		1		5			

Sudoku 171

2			6		1		9	
							4	
		1		4		8		
	8		2	5	6		7	3
3						2	8	9
			3	8	9			
		2	1	6		3		
		5	7					
		3			8	4		

Sudoku 172

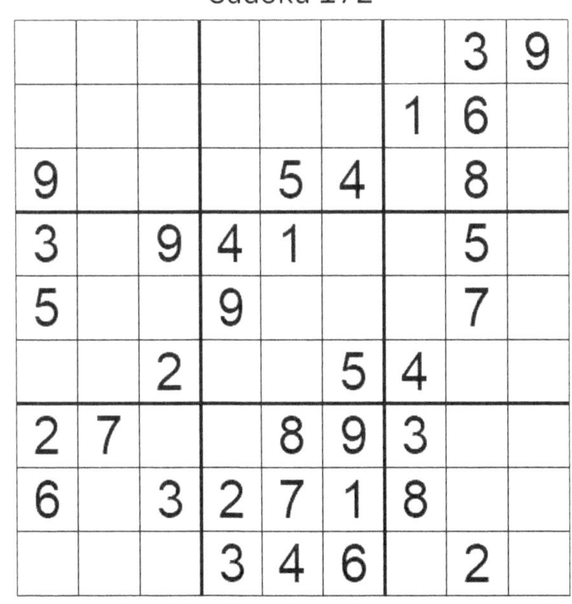

							3	9
						1	6	
9				5	4		8	
3		9	4	1			5	
5			9				7	
		2			5	4		
2	7			8	9	3		
6		3	2	7	1	8		
			3	4	6		2	

Sudoku 173

	4	3					5	
	8						1	
5		2			6			4
			6	5				
	6		2	9				
			4					7
	3	8	9			4	6	
	1	6	5	8	4			3
	5	9				8	2	

Sudoku 174

	5	4		9		8		
1					8	9		3
8								5
	6		2				8	4
4					6			
	3	8					6	1
		3			1	2	9	
			7			4		
	9	2	3			1		7

Sudoku 175

2						3		
3			7	6	2	4		8
	7	4			1	6	5	2
				2	3			
		2		5		8		1
7			8				6	
		3	5				9	4
			2	9				
						1		

Sudoku 176

8				4	6		2	3
	2	6		5	7			
3				1	2		7	6
			4		3			
7		4		2				
		1			5	7		8
	4	8					6	7
	5				9		8	
			2				5	

Sudoku 177

8	3	7		9				5
		4	7	3	5			2
1			8		6			
5				6				
3								7
		9	5				6	8
	9			1	4		2	
	1		2		9			3
					8		9	

Sudoku 178

6	5						1	8
1	7		4		6	9		
2	9	3		1			6	
				8				
4	6	7			5	2	8	3
					3		7	
7	4	2						
8			9	4		1	2	
5								7

Sudoku 179

				8			4	3
	8	5		9			6	
				7		5	2	
	5	9		2		7	3	
2				1	9		5	6
1		6	7					
		8	3		7		1	
	1			4		3		
					2	6		

Sudoku 180

2		9	8	6			1	
4	8							
		6	3		5			
	9			8	4			2
	7	2			9	3	4	
1				2	3			
				7				1
		1	4				5	6
6				5	1		9	

Sudoku 181

	1		9					5
	5	6				9	7	3
		3		2				1
	4	1	8		9	7		
					6			
	9		7				5	
	3	5				6		2
		2		7		4		8
4					1	5		

Sudoku 182

						1	2	
5	1				2			
2	8	9		3				5
1	6	5	2			8	7	
	7				1			
9			8		5			6
3	9			1	4		5	
8			9	2				
			5				3	

Sudoku 183

						5	3	2
2	5						8	
3		7	2					6
	2							
		9	4			7	5	
		4	5	7	9	3		
8		2	9	4	5		1	
		1					4	
5		3		6	1	2		

Sudoku 184

4		6	5	7		9	8	2
8	2		4					5
			3			6		
9	1			4			5	
	5						9	7
3			9		2	8		
7		4						9
	9	3				7		6
						1		

Sudoku 185

		8			9			
	2						9	
3	1			2		8		5
				7	6		2	1
6				1			5	
2		1	3	8		6	4	7
1		4		3				
	5			9				6
	3			4			1	2

Sudoku 186

1	5			7		3		
		3				6	7	1
		7	6	3			2	9
5			2			8	3	7
8	3	2			4		1	
	7							2
7		1					6	8
3			1					
				4		1	9	3

Sudoku 187

	3				8		6	1
	5	2	1	7	4			8
		1		6		7		
			6	3	1			
5					2	3		
	9	3		8				4
			4		3	8		6
	1	4						
		8			5	1		

Sudoku 188

	8		2					4
				8		7		1
4		7	9				3	8
		6	5	2				
		2		9		6		7
		9	8				1	3
	1	5				4		
	9		6					
			1	4	2	3		

Sudoku 189

	7			1				5
2	1	8	3	5				
	5		8	4	6		7	
	3				5			9
		2		3				6
		6	9					
		7	6	9				3
		9	5			7		
	2			7			9	1

Sudoku 190

1	2			4	7	8	9	6
6								3
	9		2				7	
	1			7		3	6	8
		2	6					
	3	6				9		
		9		6		1	2	
		1		8		7		
			1		9			

Sudoku 191

	1		8	5		7		
5	7		3				2	6
3			6				8	4
9			7	8	3			
		1		9		3		
4			1			9		
		6				8	9	
2	5							
7		9			1			

Sudoku 192

3	9						1	
	6			7		5		
	1		8				6	
4	8				3			2
	7		6			3		1
2	3	1			7		8	
6					4			
		3	2		9			7
7			1				3	

Sudoku 193

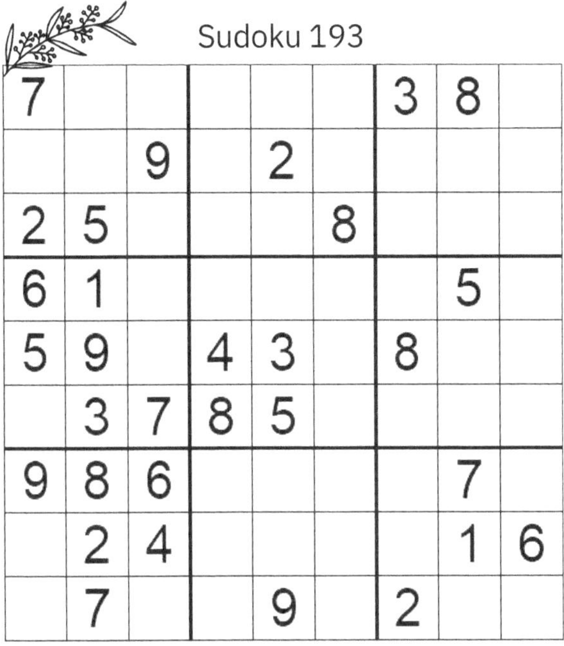

7						3	8	
		9		2				
2	5				8			
6	1						5	
5	9		4	3		8		
	3	7	8	5				
9	8	6					7	
	2	4					1	6
	7			9		2		

Sudoku 194

7		4		8	1	5	6	9
		8						
1	3		9			4		8
				1			5	
5				2			4	
	9	7	6		5			
				9		6		7
6	8	5	1					
	7				2		1	5

Sudoku 195

9				2				
		5			6	2		3
	6	2	4	8				
4	1						8	
		3					1	
	2	8	1	4	7	5		9
	9	6	8		4			
		4		9	2			
	8	7				9		5

Sudoku 196

5		1	2			8	3	
	7		6	8		4	1	2
	4	8	3					
				2				5
8	2				1			
			9			7		8
				6	3			
4					7	2		
6	8		1	9				

Sudoku 197

			9		7		8	
2			8		1	9		
						3		
	1					6		
6								3
	5	2	6		4		7	9
	7	3	1	6			9	
			5		2	7		8
	2			9	3	1	5	

Sudoku 198

5	1		2					
			3		4	9		
4	3	9		5		6	7	
							2	
7		6				1		
2			7	4	6		8	5
				8	7			
9			6			8	1	7
3							6	4

Sudoku 199

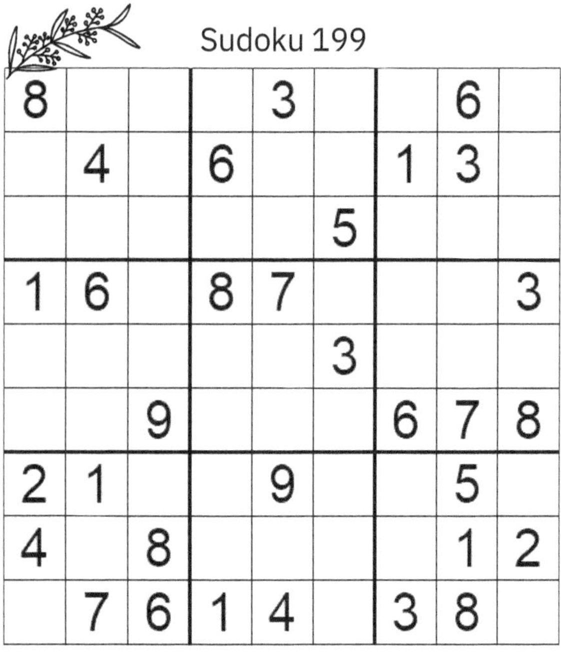

8				3			6	
	4		6			1	3	
					5			
1	6		8	7				3
					3			
		9				6	7	8
2	1			9			5	
4		8					1	2
	7	6	1	4		3	8	

Sudoku 200

			2			1		4
	2			5				
4	9	8	1		7		5	
	6	9	3	4				
1		3	7	9		6	2	8
2		5	6		1			
				2				
3					6		7	
						3	8	

Sudoku 201

	4		6	2		3	1	
						7	2	
					1		4	6
		8			3	2		1
			2	7			9	3
		3	1	6				
1		6	5			9		
7	9						6	5
	5		9	1			7	

Sudoku 202

4			9				6	
		9	8		3		4	5
3	8		5		6			
9	7					2		3
		6	7					9
				5	9		7	
						5		
	1		6			9		
6		2	1	9	4			

Sudoku 203

6	9		8		2	3		1
				4				
5			6		3		2	
			5	8				
1	4	5		2				6
	2	9		6	7			5
4		7	9					
2	5						4	3
	6					8		

Sudoku 204

	8			4		5		
6		3				8	2	
	9				3		1	
	7	6		3		9	5	
			9				3	
					8	4		
2	6		3	9			8	
		8	7	2		3		
7			4		5	2		

Sudoku 205

					1			
	7	2		6	8	3		
		4		7		9	8	
	4	6		1	7			8
8	5			3	6			
2	1			5				7
3	8			2	4	7		1
	2	5					6	
			7		5			

Sudoku 206

8	5	6			7		4	
4					1			8
		7	5	8		3		
7			3			8		
5	8		4	7			9	
9	3		8				5	6
				4	8	6		
	1	9			5			7
					3		1	

Sudoku 207

	4				3		9	2
				8				
	2	3			7		1	
				5			8	9
	5	2	7					
8	3			2				5
1	8	4			6			
		7	4	3		8		
3			8				6	4

Sudoku 208

			1		4		6	7
4		7				5	3	
	8	6	3		7	2		4
				2	5			
2	6					4		5
7		5	9			1	2	
1			4		3	9		
	7				9	3		
9			2					

Sudoku 209

			8		1	2	4	6
		1					8	
		3		7			5	
1		6	5	8				
	2		1		4		3	5
	5			6		1		
3	1	5		4	8		6	
6			7					3
					3	8		4

Sudoku 210

		4		9	2			8
				4			1	
					5		2	3
8	5		6		3	9		
					9		3	1
4		9	2			8		7
9				6			8	
7	6		5					
		5	9	2	4			6

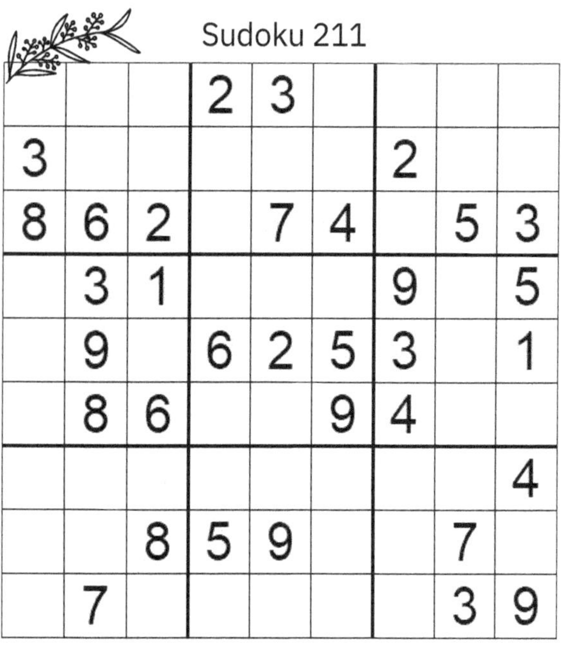

Sudoku 211

			2	3				
3						2		
8	6	2		7	4		5	3
	3	1				9		5
	9		6	2	5	3		1
	8	6			9	4		
								4
		8	5	9			7	
	7						3	9

Sudoku 212

8							4	
7	2							1
			1	6	8			
	1	4	8		5	2	6	3
6		8			1	9		
	7	5	9		6			
4			6	8	2	5		
			3	1				6
			4				2	8

Sudoku 213

8	1		3	9				
7	6	3	2		8			
				7			8	6
	7						3	4
	5					8		
	2		1	4			9	7
		1			2			8
	4	7	5			1		2
			7	1	4			

Sudoku 214

	2				8	3		
5								
3				6	7		9	
	5			3			8	1
2	3				1	6	4	
		8	2	4	6	9		5
		5	4					
						5		
	7		6			4		8

Sudoku 215

	5	7		6	4			3
2	6		7		3			
	3			5		4	6	
9	2							
			4	9	8	7		2
7		5				8	9	
		3	2	4	6			8
4	8	2						9

Sudoku 216

6					1	9	2	
8		1	6	2		7		
5			7	4		6		8
9				7		2		
7	5				4	8		
	4		2					
	9		8		6			
2				3		4	6	9
		7	4			3		

Sudoku 217

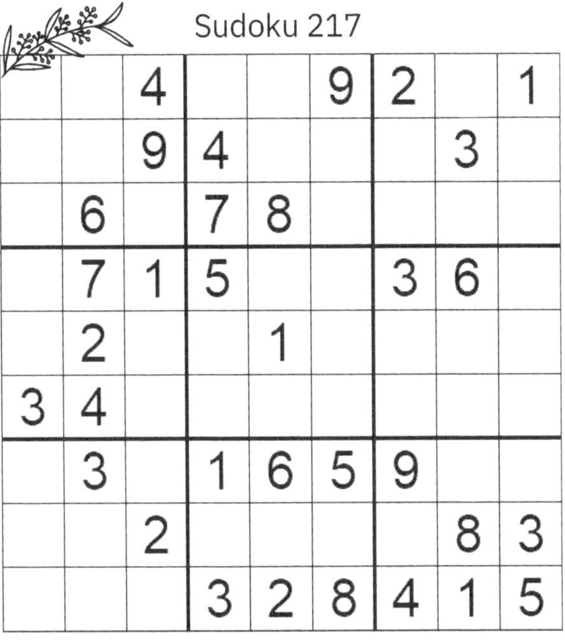

		4			9	2		1
		9	4				3	
	6		7	8				
	7	1	5			3	6	
	2			1				
3	4							
	3		1	6	5	9		
		2					8	3
			3	2	8	4	1	5

Sudoku 218

	5						1	2
		6			2		4	
		4		5	6		9	3
3				2		9		
					3			
	1			9	5	2		
9			2	7	8			4
		5		4				
		1		3		7	2	6

Sudoku 219

3			8	7	6			9
2		8		3			6	
		6		5				
4	6						2	8
		2		8				4
5						1		
	2	7			1		8	
		4	5	6			7	
8	9			2		4		

Sudoku 220

	1	7	3				5	
	2				8	4	9	
			9	7	5			
3	6	8	2					
					1			
			5			2		
2	7		8		6	3		
		5	4		9		1	6
6	4				3			5

Sudoku 221

			2	8			7	
	7							3
6		2			4			9
				7		3		
9	3	6	5					
			6		3			1
	4	3				7	9	6
7	6		9					2
	2		3		7	4		

Sudoku 222

3		8			1		6	7
		6			7	4	3	
		7		3	2			
5	7			1	6	8		
	1		8	5	4		7	
	6					3	5	1
	3		1		5			4
	4			2				
			7	4				

Sudoku 223

		4				3		
8			1					2
	3			7			5	8
		5		4				
3		9		2	7	4		
						5		6
1	2	3	7			8		
6	5	8				7		4
				5	6			

Sudoku 224

9	6		3				7	4
1	5		2	7			6	
7					6	9	5	
	2			6	5	8		
	8	1		9			2	
			8		3			
		3	6		2			1
		6	9					
2	1					4	8	

Sudoku 225

	6	2					4	8
7		9	5				1	
				2	1		7	9
5			9					
4	2	1				3	9	
9		8	3		2			6
	5		8	6		1		
				3	7		6	
	9							

Sudoku 226

4			1	5				
1			9	6	7	3		
	5	7						
		4		3				
9	2	1					3	
	6		7		2			9
6	1			4	8			5
7						1		
		5	6	7		9	4	

Sudoku 227

7		2		8			6	9
					3			
		3	6	7	9	4		5
9						5		2
				9			7	
1			5	4	2		9	
	6	4		3		9		
				5			1	8
				6		2		4

Sudoku 228

8		2						
			8	2				4
7	4			1				
9			6		1	7	4	8
	8	4			7	2	5	
5			4					6
4			1	6	5			3
				3			6	
		1	2			4		

Sudoku 229

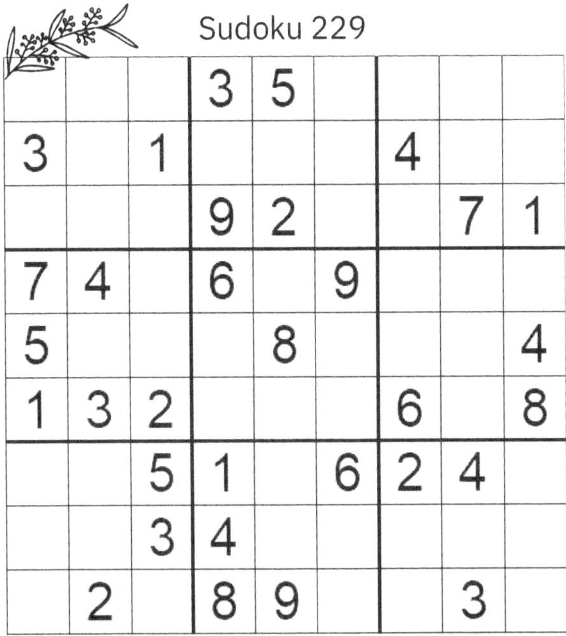

			3	5				
3		1				4		
			9	2			7	1
7	4		6		9			
5				8				4
1	3	2				6		8
		5	1		6	2	4	
		3	4					
	2		8	9			3	

Sudoku 230

6		4					7	5
7			3	4	5		8	
	9	5	7	2		4		1
			4		8			
			5			3		
	4	6		7		9		8
9	8			5				4
4						5		
		1	9				2	

Sudoku 231

		7			3			
	1		4	8		9	7	
4	5	2				6		
	4		9		5		8	2
5		9						
2	3	8					9	
9	2							7
3	7			2	4	1		9
		4	5		7			

Sudoku 232

4		8	1	9	6	5	2	
1	9		5				6	
6	2				8	3		
			2		4	7		1
	1		7	5		6		
		4	9	6				
		6				1	8	
	7		8			4		
				1				

Sudoku 233

5						6		
9	2			6	7	5		
1				2				
				9	3	7		8
	5				2	9		
				8			4	2
		2		4	9			5
		5				8	7	4
	4		7	5	6			

Sudoku 234

3		6	7	5		2	1	
2		8		9			5	7
				6	2		8	
7	6							8
	9							
				1	9	3		2
4			5				3	
6			9		7			5
8		9		3	6		4	

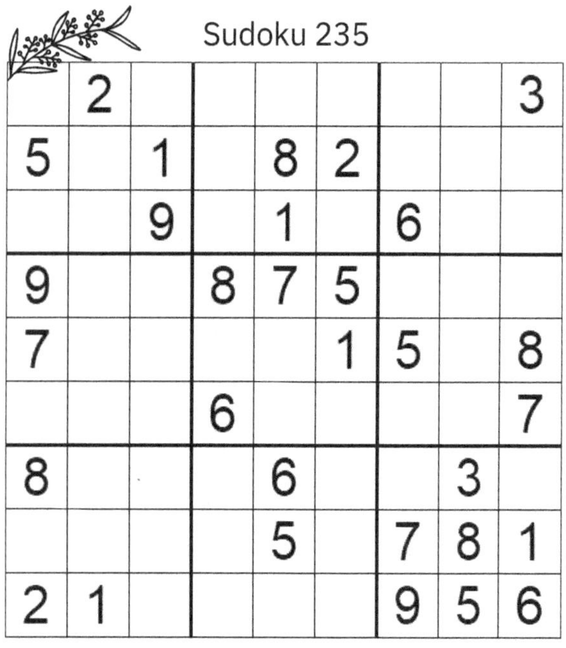

Sudoku 235

	2							3
5		1		8	2			
		9		1		6		
9			8	7	5			
7					1	5		8
			6					7
8				6			3	
				5		7	8	1
2	1					9	5	6

Sudoku 236

9					7			2
	4		2		1	5		
	1		9	8				
4	3			1				5
7				2				
1						6		
					3	1	5	8
			1	4		9	3	7
	9	1		7			2	

Sudoku 237

			7					
4	9		2	3	8			
			5	6		1		4
5		4	8		7		6	
			4		3			
		9		2		7	4	
		8		4		2		
3		2		8			7	6
9	4	6		7			3	

Sudoku 238

9	5				3			
6					2		1	
	4	1		7	9	5		
	1				5			
3		5		4			2	
	7	2					9	
1				9	6	2		
		8	5		4	1		9
5				2				3

Sudoku 239

2	3	7		8				
	8				2	3	6	7
	6	9	7		5	8		
9		6		2	3	1		
				9		4	3	
				1	7	9		
			3			2		9
		8					1	3
5					9	7		8

Sudoku 240

6		2			8	1	3	9
9			3	1			7	
8		3					6	
		1	4	5		9		
		4		9	7			
5	9	6		3		2		1
				2		7	9	
		7	6		9		4	

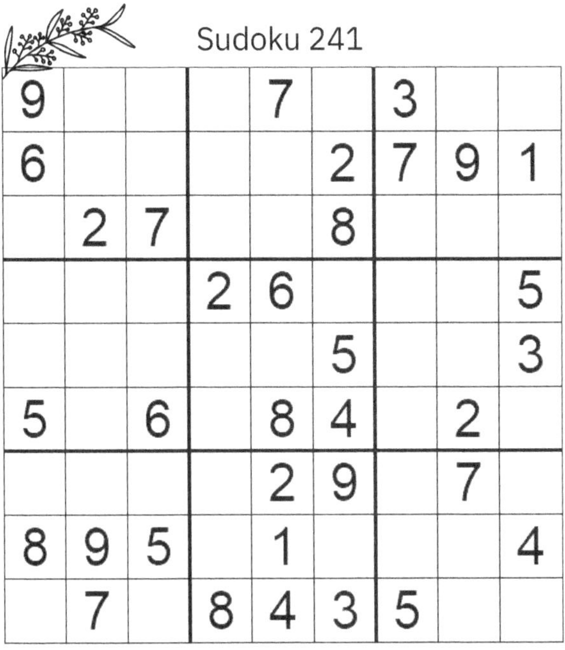

Sudoku 241

9				7		3		
6					2	7	9	1
	2	7			8			
			2	6				5
					5			3
5		6		8	4		2	
				2	9		7	
8	9	5		1				4
	7		8	4	3	5		

Sudoku 242

	9							
	3	4		5	7			
				9		8		2
7	8		3					
9			2	4	5	3		8
			7		8		9	1
	5				3	1	4	9
						2		3
	4				1		6	5

Sudoku 243

		3			2	7		
6	2			3		8	4	5
	4	9				1		
		2		4	5	6		1
			7		3		8	
	7							2
	1	8			6	5		7
3					4			
			3				6	4

Sudoku 244

						6	4	2
	9	3	1	6				8
			5	7				
	1	2		8				5
			9					
			2	5		3		1
9	4						1	
3			6				9	
1	7	5		9		4		

Sudoku 245

9			4	7	6			
4	5	7	2		8			
8	1							
1		4			5		9	
		8		2	7		4	
2	6						1	
5			8					1
7		2				9		5
6			7			4	8	

Sudoku 246

					1			4
6		7	8	2			1	
8			7					6
2		6			9		7	3
				8			9	
					7	2		
				1		9		
9			5	7	3		4	1
3	4		9				5	

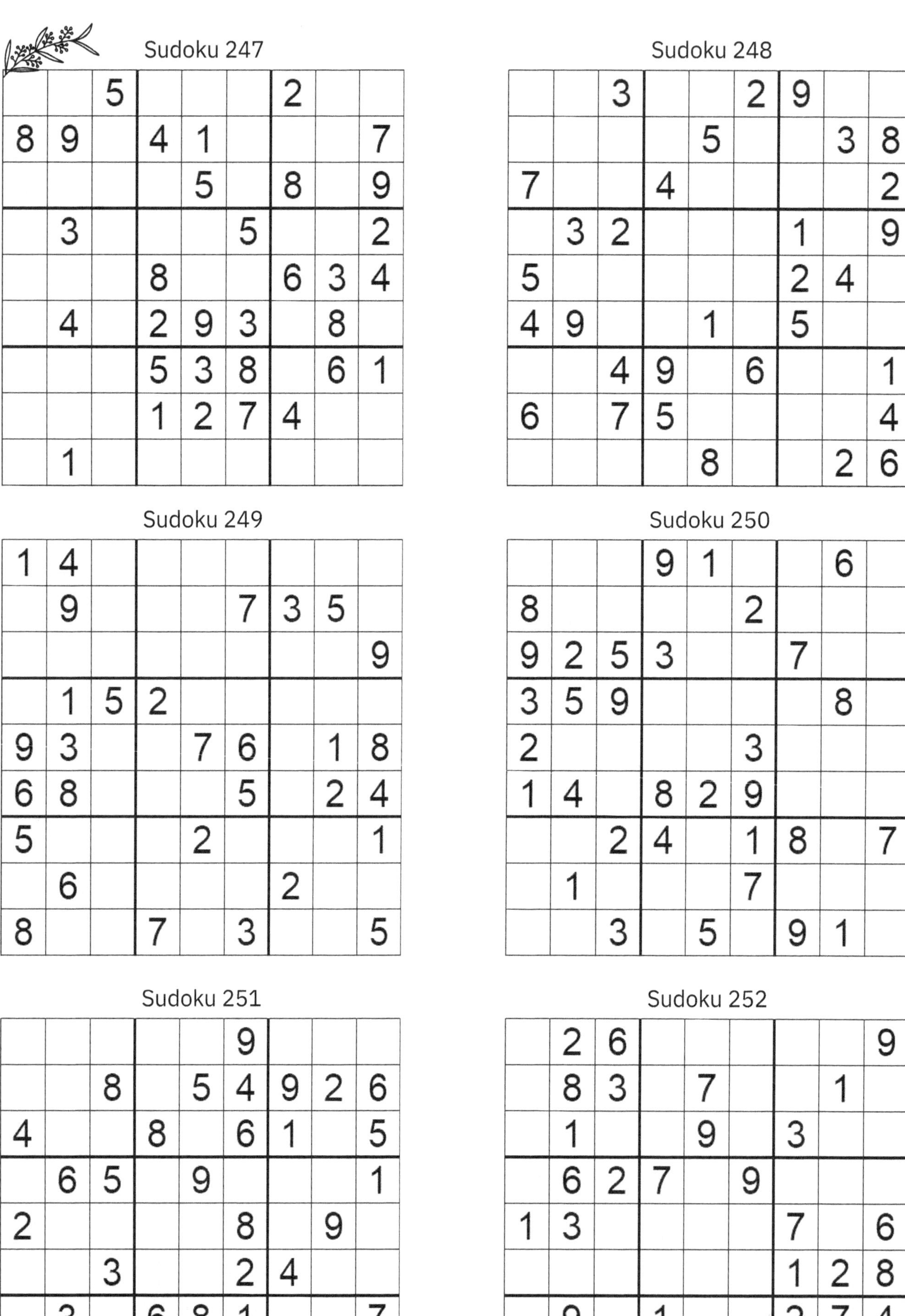

Sudoku 247

		5				2		
8	9		4	1				7
				5		8		9
	3				5			2
			8			6	3	4
	4		2	9	3		8	
			5	3	8		6	1
			1	2	7	4		
	1							

Sudoku 248

		3			2	9		
				5			3	8
7			4					2
	3	2				1		9
5						2	4	
4	9			1		5		
		4	9		6			1
6		7	5					4
				8			2	6

Sudoku 249

1	4							
	9				7	3	5	
								9
	1	5	2					
9	3			7	6		1	8
6	8				5		2	4
5				2				1
	6					2		
8			7		3			5

Sudoku 250

			9	1			6	
8					2			
9	2	5	3			7		
3	5	9					8	
2					3			
1	4		8	2	9			
		2	4		1	8		7
	1				7			
		3		5		9	1	

Sudoku 251

					9			
		8		5	4	9	2	6
4			8		6	1		5
	6	5		9				1
2					8		9	
		3			2	4		
	3		6	8	1			7
	8		2				1	
5		4						2

Sudoku 252

	2	6						9
	8	3		7			1	
	1			9		3		
	6	2	7		9			
1	3					7		6
						1	2	8
	9		1			2	7	4
			8					3
2		7		3		6		1

Sudoku 253

	8		6				5	
2	1	4			8		9	3
			4					
4	5		9	3				
6				8	7			4
				4				9
	4	5				9		
1	9	6	3				4	
3	2		1			7		

Sudoku 254

				1			3	9
	2		9			7		
	9		7	3		4	2	
	3	1						2
	8			4	3			
	4	2		8	9	5		3
		7	3		1	2	8	
		3	6	2			7	
					4			

Sudoku 255

1	5			8		4		
		3				2		5
7	9							
			8	4	9	5	7	
6		8	5		7			
				2	3			1
		6			8			
9	8		1	3				
	1		2	6	5		8	4

Sudoku 256

5	4		3					9
						3		
	7			9			4	
		7			8	9		
9			2	5	3	6		
		5		4	9		1	
	9		4			8		
3				2	7	1	9	
	5	6			1			2

Sudoku 257

					3			5
	1					7	4	
	7	9	1		8			2
		5		6		2		
9			3	1		4		6
1	4	6			2	9		7
				5		8	1	
		7					2	
	9			2	4			

Sudoku 258

1		5		7	8		6	2
	7							5
6				2				
			9			6		
	6				5	2		4
5	2	3	7					
8		2	1	9				
	1		4		6	5		
					3	1		9

Sudoku 259

			4		6	8	9	
			3	9	2			
3							4	
		4		3		7		
9		1			7			8
							5	9
4			6			1	7	
	2		7	4	3	9		5
		7	1		8		6	4

Sudoku 260

				6		9		
6			7		5		4	1
2	5	4		9				8
3	4							
5				1	9	4		
	8		3	2		1		
	1	2					7	6
				7	6			4
				4	1		9	

Sudoku 261

6		9	8				1	
					1	3	7	8
						9		
3		6	1		7		5	
8				2		6		
		7	5					
		1			5	4	9	6
	5	8			6			
		2		7	9			1

Sudoku 262

			3		8			9
5	7	2						
8	9		4	5			6	
			6			3	4	
	3				9	2		
7				3				
9			8	1	5			4
	8	4	9				7	
1		5					2	8

Sudoku 263

			5	6		2		8
1			9			3		
8	9							1
		8				5		9
2	5		1	9				
9	3	6	2	4			8	
					9	8	6	
	8			1	6		5	
		4			7			

Sudoku 264

				5	3		1	2
3			6			4		
	2							3
	6		3	9			4	
	4	3		7	1			9
		7				2		5
	5	8	2				7	
1			8					4
4	3			1		5	8	6

Sudoku 265

9		8		4				2
		6		5		9	7	8
1		5		2	8			
4	8	1		9	6	2		5
7		2			5			
								7
			8					9
			5	7				
8			2	1	3	5		

Sudoku 266

				4				6
					1	4		
	1		8	3				7
		7			8		4	
	4	5	3	2		9		8
		8	5					
4	5	1						
8	9		4	6	3	5		
7	3		1	5				

Sudoku 267

	2				4	1	6	
6			2				3	5
		5		3			7	
5	3			4	2			
7		1	6	9			2	
9	6	2						
		3	5					
1					3		5	
		9				4	1	

Sudoku 268

	4	6	8	2				7
9	7						6	
1						4		8
	9	4						5
			4		2	6	9	3
6			5	7		1		
				5		3		9
7	8			3				
2				4		8		6

Sudoku 269

5		4	2		1	9		
	9		5	6		4		
							8	
9					3	8		6
4			9			3		
6	3		8					4
		9		5		6		8
1	7					5	4	
8	5	6			9		3	2

Sudoku 270

	5				9			
						9	6	
	7	2			1	8	5	
4			7		5			6
	6		4	8	3	2		
2	8	7	1		6			4
	1			6				8
7			5			3	9	

Sudoku 271

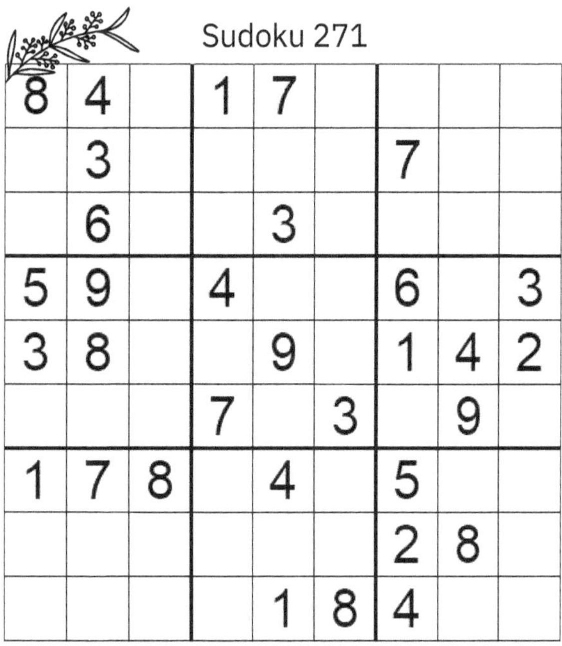

8	4		1	7				
	3					7		
	6			3				
5	9		4			6		3
3	8			9		1	4	2
			7		3		9	
1	7	8		4		5		
						2	8	
				1	8	4		

Sudoku 272

4		7					2	
5		8	6					
1		2				3	6	4
	7			4				6
2	8		3	6				
					7			
7					1	5		9
3	5			7		2	1	
			9	5	2			3

Sudoku 273

					6	3	9	8
					2		5	6
7			5			4		
	8		4	6	7	5	2	3
3		2		8			7	9
	5		2					1
5						2		
		3	6					
		1			3	9	6	5

Sudoku 274

	6						9	
						6	8	
8	4						2	7
7	9	6						8
5			8		7		4	
	2			9	5		1	6
					2	9	6	
6		2	1					5
	7	1					3	2

Sudoku 275

			3	2	5		1	
3	2	7			1		5	8
6	1			8			3	
4					7	2	6	3
					2			
1	8	2		4	3			
	3		9					
				7	6		8	
	7	1					9	

Sudoku 276

				6		3	4	9
			9	2				5
6	5	9		3	8			2
	4				2			
5		6	3				7	8
3	8		7		6			4
8	6		5				9	
7					4			3
						4	8	

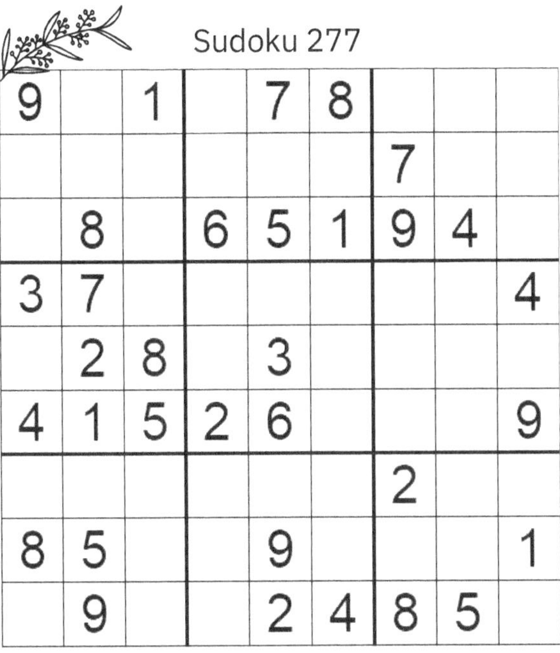

Sudoku 277

9		1		7	8			
						7		
	8		6	5	1	9	4	
3	7							4
	2	8		3				
4	1	5	2	6				9
						2		
8	5			9				1
	9			2	4	8	5	

Sudoku 278

	3	5	7	4	8		6	2
		6	9	5				
					6	7		
8				2			3	7
	5	7		1	3			
		4		7				
		8						5
9	4	3	2	8		6		
	6		4		7			

Sudoku 279

		6						
	3		9		2	4		6
5			6		3			
8				4		3		2
9	4	3	2					7
6	7					1		8
		9	5	3	1	8	7	
			8			6		
					7			5

Sudoku 280

8	4		9		7			
	7	3		4			1	6
						7	8	4
	1						6	
	5		3					8
		4	2					3
	9	8		3				2
		5	8		4			
	3	7			2			9

Sudoku 281

2			6		5	3		
5		7				1	6	
			7	9	1		8	
9	5		8	4	7			
4	6	2						
	7					4		
			9		8		7	
	4			6		8	1	5
8			1	7				

Sudoku 282

	3	8	5			2		
				1				5
		1		2		8		7
7							5	3
		2	3	6	4		7	
	8		7			1		
2		9			7	3		4
		4		3		5		
						7	6	9

Sudoku 283

	4							1
7				4				
6		8		3		2	5	
		7	3	1	6	4		9
3	6		4	2				
	8		5		9			
			1	5		3		
5				9			4	2
		3		6				

Sudoku 284

6	2		3		9			4
8		7		5	1		3	9
	9		7	6				
7		2	6	9	3	1		
	6						7	3
		4			8		2	
9	1	5				3		
						5		
			8	1				

Sudoku 285

9		8		5		1		
1					7			2
6			3					
4	2	5		1	3	7	8	9
				7			2	
8							6	1
				9			1	
	1	4				9	5	
2				4			7	

Sudoku 286

								5
7	2			6			1	
8	3		5	4			7	
		9	7					
	5	2			6	9		
6			9	1	5			
			4	9		6		2
2		7			8			3
9	6		1		2	7		

Sudoku 287

				8	7		9	
	8	4					5	2
	5						8	6
	4				3			
1			8	5			4	
5		9		4	1			
8	2				4	9		5
7	6					8	3	4
	9		1			2		

Sudoku 288

	1				3		9	
				4	6			
6			7	5		1		3
		1						8
	6		2				7	
8		5	6		1		4	
9		8						6
		3			5		1	2
1				8		9		

Sudoku 289

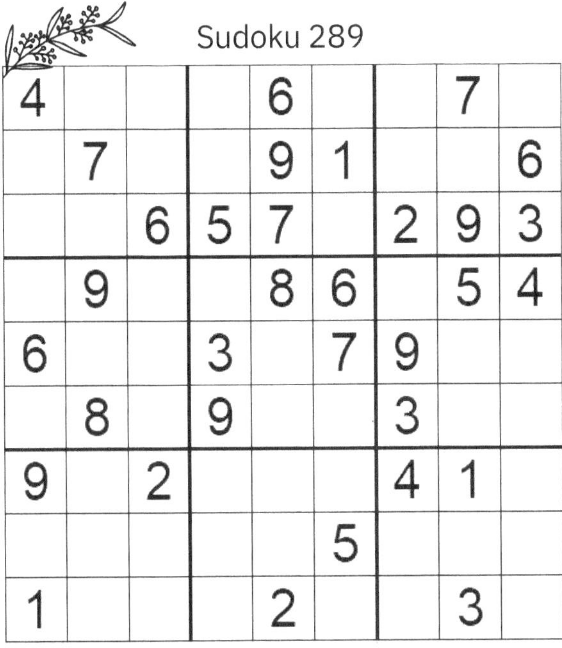

4				6			7	
	7			9	1			6
		6	5	7		2	9	3
	9			8	6		5	4
6			3		7	9		
	8		9			3		
9		2				4	1	
					5			
1				2			3	

Sudoku 290

5				8	9	3		1
	8		7		5		4	
	1	9	2	3	4	5	8	
9							1	4
	2		9					
	6		5					9
						4	9	
		3	1	9	8	7		
	9	7						2

Sudoku 291

6	9							2
	3			2	1	7		
					9		8	
						1	2	
4		2		7		9		
	8		3	4			7	6
3			9	5			1	
2		8		1	3			9
	1	7	2	6				

Sudoku 292

			3	5		9		
					1			
		4	7		9			
7		8			5		9	
3			8			4		2
6		5	2	9	3		8	1
	5			3	4		7	
			5	6			2	
		6		2	7		4	

Sudoku 293

7	5		2				1	
3	1		5		6	9		8
		6		1		7		
9	4			6	5		7	
		8	7	2			9	4
				3				
						2		
	9				7	4		
1					2		8	7

Sudoku 294

	5	1		8		7		9
3	4	7	2	1				
						1	3	4
	6	5	7		2		8	
2	1	3			6			
	8		1				6	
				2				
					5	8		
		2			1		9	7

Sudoku 295

3	8	9	6		2		7	4
	2	6		7	4		9	5
7		5	9					
			7		9			
		4		3			8	9
2								3
			2			8		
	5			4		9		2
		2				4		

Sudoku 296

7	5		4		1	2		
4	1		7		8			
			9			7	4	
		8			5	4	9	
			2				3	
	6		8	4		5		
					3			
		1		7	2		8	4
6		3					2	9

Sudoku 297

					9	4	1	8
			2			9	6	
8		1						2
	2					1		
	8	5				3		
	7	9		3	4			
9		2			8		5	
5	4		1	9	7		3	
	1	7	5				9	

Sudoku 298

	5	9	4				1	3
			3	9		7	2	
	3					4		6
4	6		9		3			1
	9					3		
		8		6		5	4	
		5	1					4
		6		8		1		2
					7			

Sudoku 299

							6	
8	5		1				4	
	4			9	6		1	5
9				7				
			9	5	8	4	7	6
		5	4	3	1			9
		7	3	1				8
		2	8					
	9	8					3	4

Sudoku 300

	5		4	3		7	2	
	9	7	2		6			5
	3	2			9	1	6	
2				5			1	3
8		3	1			6		
					4			
9					3	5	7	1
					5	8		6
	7							

Solutions

Solution Sudoku 1

7	2	5	9	4	8	6	3	1
6	3	9	7	1	2	4	5	8
1	8	4	3	5	6	2	7	9
5	4	7	6	3	1	8	9	2
8	9	6	5	2	7	3	1	4
2	1	3	8	9	4	5	6	7
4	7	1	2	6	5	9	8	3
3	6	2	1	8	9	7	4	5
9	5	8	4	7	3	1	2	6

Solution Sudoku 2

2	6	7	1	8	3	4	9	5
4	9	8	5	7	2	6	1	3
1	3	5	9	6	4	8	7	2
9	7	3	8	4	1	5	2	6
8	4	6	2	5	7	9	3	1
5	1	2	3	9	6	7	4	8
7	2	4	6	1	5	3	8	9
3	5	9	7	2	8	1	6	4
6	8	1	4	3	9	2	5	7

Solution Sudoku 3

8	5	1	9	2	3	6	4	7
3	9	4	7	8	6	2	1	5
2	7	6	1	5	4	8	9	3
1	4	8	3	6	9	7	5	2
9	6	2	5	1	7	3	8	4
7	3	5	8	4	2	9	6	1
6	1	7	4	3	8	5	2	9
5	2	3	6	9	1	4	7	8
4	8	9	2	7	5	1	3	6

Solution Sudoku 4

4	6	2	5	3	8	7	1	9
7	8	3	1	9	4	6	5	2
5	1	9	6	7	2	8	4	3
9	7	6	4	8	5	2	3	1
2	4	8	3	1	7	9	6	5
3	5	1	9	2	6	4	8	7
1	2	4	7	6	3	5	9	8
6	3	7	8	5	9	1	2	4
8	9	5	2	4	1	3	7	6

Solution Sudoku 5

9	4	2	6	1	7	8	3	5
1	8	5	3	9	4	7	2	6
7	3	6	2	5	8	1	9	4
5	2	4	1	8	3	6	7	9
6	9	1	7	4	2	5	8	3
8	7	3	5	6	9	2	4	1
3	1	8	9	7	6	4	5	2
2	6	7	4	3	5	9	1	8
4	5	9	8	2	1	3	6	7

Solution Sudoku 6

1	4	7	5	6	9	3	2	8
5	9	2	1	8	3	6	4	7
3	6	8	2	7	4	5	9	1
7	5	3	6	4	2	8	1	9
2	8	9	7	1	5	4	6	3
6	1	4	3	9	8	7	5	2
4	7	5	9	3	1	2	8	6
8	3	1	4	2	6	9	7	5
9	2	6	8	5	7	1	3	4

Solution Sudoku 7

1	2	8	6	9	7	5	4	3
3	6	4	2	1	5	7	8	9
9	5	7	4	8	3	1	2	6
4	9	3	7	2	6	8	1	5
2	1	5	8	4	9	6	3	7
8	7	6	3	5	1	4	9	2
6	4	1	9	7	2	3	5	8
5	3	2	1	6	8	9	7	4
7	8	9	5	3	4	2	6	1

Solution Sudoku 8

7	3	1	9	8	4	5	6	2
8	6	9	1	5	2	7	4	3
2	4	5	7	6	3	8	1	9
9	7	2	4	3	5	1	8	6
5	1	4	6	9	8	2	3	7
3	8	6	2	1	7	9	5	4
4	9	3	5	7	1	6	2	8
6	5	8	3	2	9	4	7	1
1	2	7	8	4	6	3	9	5

Solution Sudoku 9

1	9	7	4	8	5	6	2	3
3	2	5	9	6	1	8	4	7
4	8	6	2	3	7	1	5	9
8	1	9	6	5	2	3	7	4
7	5	3	8	4	9	2	1	6
2	6	4	1	7	3	5	9	8
5	7	2	3	9	6	4	8	1
9	3	8	5	1	4	7	6	2
6	4	1	7	2	8	9	3	5

Solution Sudoku 10

7	8	2	1	9	5	6	4	3
3	6	9	4	8	2	5	1	7
1	4	5	3	7	6	8	9	2
5	1	4	6	3	8	2	7	9
6	9	8	2	1	7	4	3	5
2	7	3	9	5	4	1	6	8
4	3	7	5	2	1	9	8	6
8	2	1	7	6	9	3	5	4
9	5	6	8	4	3	7	2	1

Solution Sudoku 11

2	8	4	3	5	9	7	6	1
1	9	3	6	4	7	8	5	2
5	7	6	8	2	1	4	9	3
3	5	2	7	6	8	1	4	9
7	1	9	4	3	5	6	2	8
6	4	8	9	1	2	3	7	5
9	6	1	5	8	4	2	3	7
4	2	5	1	7	3	9	8	6
8	3	7	2	9	6	5	1	4

Solution Sudoku 12

6	4	9	1	7	3	5	2	8
8	5	7	2	9	4	6	1	3
3	1	2	5	6	8	4	9	7
4	6	3	8	1	9	7	5	2
5	7	8	4	3	2	1	6	9
9	2	1	6	5	7	3	8	4
1	3	4	9	2	5	8	7	6
7	9	5	3	8	6	2	4	1
2	8	6	7	4	1	9	3	5

Solution Sudoku 13

5	1	7	3	8	6	2	9	4
3	2	6	9	4	1	7	5	8
4	8	9	2	7	5	1	3	6
1	7	5	6	9	3	4	8	2
2	9	8	7	5	4	3	6	1
6	3	4	1	2	8	9	7	5
7	4	2	5	6	9	8	1	3
8	6	3	4	1	7	5	2	9
9	5	1	8	3	2	6	4	7

Solution Sudoku 14

7	3	1	8	9	6	4	5	2
8	2	4	1	3	5	6	7	9
6	9	5	4	7	2	1	8	3
5	8	9	7	4	1	2	3	6
4	7	2	9	6	3	5	1	8
1	6	3	5	2	8	9	4	7
9	4	6	3	5	7	8	2	1
3	5	8	2	1	9	7	6	4
2	1	7	6	8	4	3	9	5

Solution Sudoku 15

7	3	8	5	4	6	9	2	1
2	5	4	7	9	1	6	3	8
9	1	6	2	3	8	4	7	5
8	7	2	9	1	3	5	4	6
6	9	5	4	8	7	3	1	2
3	4	1	6	5	2	7	8	9
5	2	7	1	6	4	8	9	3
4	8	9	3	2	5	1	6	7
1	6	3	8	7	9	2	5	4

Solution Sudoku 16

8	2	9	5	1	7	3	4	6
7	3	5	4	6	2	9	1	8
4	6	1	8	3	9	7	2	5
1	7	8	9	5	4	2	6	3
6	9	4	3	2	1	8	5	7
3	5	2	7	8	6	1	9	4
2	1	7	6	4	3	5	8	9
5	4	3	2	9	8	6	7	1
9	8	6	1	7	5	4	3	2

Solution Sudoku 17

4	8	5	7	1	2	3	9	6
9	6	2	8	4	3	5	7	1
7	3	1	5	6	9	2	4	8
6	9	4	2	3	8	7	1	5
3	1	8	6	5	7	9	2	4
5	2	7	4	9	1	6	8	3
1	7	6	3	2	4	8	5	9
8	5	9	1	7	6	4	3	2
2	4	3	9	8	5	1	6	7

Solution Sudoku 18

5	2	7	9	1	8	3	4	6
1	4	6	7	2	3	8	5	9
8	9	3	5	6	4	7	2	1
3	6	2	4	5	7	1	9	8
4	5	1	6	8	9	2	3	7
9	7	8	1	3	2	4	6	5
6	3	9	8	4	1	5	7	2
7	1	4	2	9	5	6	8	3
2	8	5	3	7	6	9	1	4

Solution Sudoku 19

2	6	9	7	8	1	5	4	3
8	5	4	6	3	9	1	2	7
1	7	3	2	5	4	9	8	6
3	1	5	9	2	8	6	7	4
9	4	7	5	6	3	8	1	2
6	8	2	4	1	7	3	9	5
5	3	1	8	4	2	7	6	9
4	9	8	3	7	6	2	5	1
7	2	6	1	9	5	4	3	8

Solution Sudoku 20

5	9	3	7	1	4	2	6	8
8	1	6	3	9	2	5	4	7
7	4	2	8	6	5	1	3	9
6	2	9	4	8	3	7	1	5
3	8	7	5	2	1	6	9	4
4	5	1	9	7	6	3	8	2
2	3	8	6	4	7	9	5	1
9	7	5	1	3	8	4	2	6
1	6	4	2	5	9	8	7	3

Solution Sudoku 21

9	8	5	2	1	4	7	6	3
1	4	3	9	7	6	8	5	2
2	7	6	3	8	5	9	1	4
7	3	2	4	9	1	6	8	5
4	6	1	5	3	8	2	7	9
8	5	9	7	6	2	4	3	1
5	1	7	8	2	9	3	4	6
3	2	4	6	5	7	1	9	8
6	9	8	1	4	3	5	2	7

Solution Sudoku 22

1	8	7	3	2	4	9	6	5
9	4	6	7	5	1	3	8	2
5	3	2	8	9	6	7	4	1
8	7	5	6	3	9	2	1	4
6	2	3	4	1	7	8	5	9
4	9	1	5	8	2	6	3	7
2	6	8	9	4	5	1	7	3
3	1	4	2	7	8	5	9	6
7	5	9	1	6	3	4	2	8

Solution Sudoku 23

1	5	4	2	3	7	8	6	9
8	9	3	1	6	4	5	7	2
2	6	7	5	9	8	4	3	1
6	1	9	4	2	5	3	8	7
7	3	8	6	1	9	2	4	5
4	2	5	8	7	3	9	1	6
5	8	6	7	4	2	1	9	3
9	7	2	3	8	1	6	5	4
3	4	1	9	5	6	7	2	8

Solution Sudoku 24

3	2	9	7	5	6	8	1	4
5	4	6	1	3	8	9	2	7
1	8	7	9	2	4	6	3	5
6	5	2	8	7	3	1	4	9
7	9	8	6	4	1	2	5	3
4	3	1	2	9	5	7	6	8
2	7	4	5	6	9	3	8	1
9	1	3	4	8	2	5	7	6
8	6	5	3	1	7	4	9	2

Solution Sudoku 25

3	5	4	6	7	9	2	1	8
6	8	7	4	1	2	9	5	3
2	9	1	5	8	3	6	7	4
1	3	9	7	6	8	5	4	2
4	6	2	9	3	5	1	8	7
8	7	5	1	2	4	3	9	6
5	1	8	3	4	6	7	2	9
7	4	3	2	9	1	8	6	5
9	2	6	8	5	7	4	3	1

Solution Sudoku 26

7	2	6	5	8	4	9	3	1
3	8	4	7	9	1	5	2	6
9	5	1	2	3	6	7	8	4
8	4	7	6	1	3	2	9	5
1	9	2	4	5	7	8	6	3
6	3	5	8	2	9	1	4	7
5	1	9	3	4	2	6	7	8
4	6	8	9	7	5	3	1	2
2	7	3	1	6	8	4	5	9

Solution Sudoku 27

8	7	6	1	9	5	3	2	4
2	3	5	4	8	7	9	6	1
9	4	1	2	6	3	8	7	5
4	6	8	3	5	1	7	9	2
7	1	3	6	2	9	5	4	8
5	2	9	7	4	8	1	3	6
3	8	4	5	7	2	6	1	9
6	9	7	8	1	4	2	5	3
1	5	2	9	3	6	4	8	7

Solution Sudoku 28

5	9	6	3	4	1	2	7	8
4	3	2	9	8	7	6	1	5
7	8	1	5	6	2	3	4	9
8	6	4	7	1	3	5	9	2
1	5	3	2	9	6	4	8	7
9	2	7	8	5	4	1	6	3
3	4	8	1	2	9	7	5	6
6	7	9	4	3	5	8	2	1
2	1	5	6	7	8	9	3	4

Solution Sudoku 29

6	1	3	7	2	5	9	8	4
5	2	9	4	6	8	7	1	3
4	8	7	3	9	1	5	6	2
3	4	2	8	5	9	1	7	6
1	7	5	6	4	2	3	9	8
8	9	6	1	7	3	2	4	5
7	5	1	2	8	6	4	3	9
2	6	4	9	3	7	8	5	1
9	3	8	5	1	4	6	2	7

Solution Sudoku 30

6	8	4	2	3	7	1	5	9
5	3	2	8	1	9	6	7	4
7	1	9	5	6	4	2	8	3
3	9	5	4	7	1	8	6	2
8	6	1	9	5	2	3	4	7
2	4	7	3	8	6	9	1	5
1	2	8	7	9	5	4	3	6
9	5	3	6	4	8	7	2	1
4	7	6	1	2	3	5	9	8

Solution Sudoku 31

7	9	8	1	2	4	3	5	6
3	4	2	6	8	5	1	7	9
6	5	1	3	9	7	4	2	8
1	6	5	7	4	2	8	9	3
8	7	4	9	3	1	2	6	5
9	2	3	5	6	8	7	1	4
5	3	7	8	1	9	6	4	2
4	1	6	2	5	3	9	8	7
2	8	9	4	7	6	5	3	1

Solution Sudoku 32

4	1	9	8	7	2	6	3	5
5	8	6	4	1	3	7	2	9
2	7	3	9	5	6	4	1	8
9	4	5	6	8	1	3	7	2
1	2	8	3	9	7	5	4	6
6	3	7	5	2	4	9	8	1
3	9	4	1	6	8	2	5	7
7	6	1	2	3	5	8	9	4
8	5	2	7	4	9	1	6	3

Solution Sudoku 33

3	9	8	1	7	6	5	2	4
1	2	4	5	3	8	7	6	9
6	5	7	4	2	9	1	3	8
4	7	9	8	5	2	3	1	6
2	8	1	9	6	3	4	7	5
5	6	3	7	1	4	9	8	2
7	1	2	6	4	5	8	9	3
8	3	5	2	9	7	6	4	1
9	4	6	3	8	1	2	5	7

Solution Sudoku 34

1	8	2	4	3	5	6	9	7
4	9	7	2	6	8	5	1	3
6	5	3	7	1	9	2	4	8
5	1	6	8	4	2	7	3	9
9	3	8	5	7	1	4	6	2
2	7	4	3	9	6	8	5	1
8	4	5	9	2	3	1	7	6
7	6	9	1	8	4	3	2	5
3	2	1	6	5	7	9	8	4

Solution Sudoku 35

1	3	4	8	2	7	5	9	6
9	8	5	4	1	6	7	2	3
7	2	6	3	5	9	1	4	8
6	9	1	2	8	3	4	5	7
2	5	8	9	7	4	3	6	1
4	7	3	1	6	5	9	8	2
5	1	7	6	4	8	2	3	9
8	4	9	7	3	2	6	1	5
3	6	2	5	9	1	8	7	4

Solution Sudoku 36

1	2	7	5	6	3	4	9	8
5	6	4	9	2	8	1	7	3
3	8	9	4	7	1	6	5	2
9	1	2	6	5	7	3	8	4
7	3	8	2	1	4	9	6	5
4	5	6	8	3	9	7	2	1
6	9	3	1	8	2	5	4	7
2	4	1	7	9	5	8	3	6
8	7	5	3	4	6	2	1	9

Solution Sudoku 37

1	6	3	7	8	4	9	2	5
7	9	5	6	2	1	8	4	3
4	2	8	5	9	3	7	1	6
6	4	7	3	5	9	1	8	2
5	3	9	8	1	2	4	6	7
2	8	1	4	7	6	5	3	9
8	7	6	1	3	5	2	9	4
9	5	4	2	6	8	3	7	1
3	1	2	9	4	7	6	5	8

Solution Sudoku 38

2	3	4	1	9	5	8	7	6
7	9	5	6	8	4	2	3	1
1	6	8	7	2	3	4	5	9
4	1	9	2	7	6	3	8	5
3	2	6	8	5	9	7	1	4
8	5	7	4	3	1	9	6	2
9	7	1	5	4	8	6	2	3
5	4	2	3	6	7	1	9	8
6	8	3	9	1	2	5	4	7

Solution Sudoku 39

8	1	5	9	4	3	7	2	6
6	2	4	1	5	7	8	9	3
3	9	7	8	6	2	4	5	1
4	8	2	5	3	6	1	7	9
9	7	3	4	1	8	5	6	2
1	5	6	7	2	9	3	8	4
5	3	9	2	7	1	6	4	8
2	4	1	6	8	5	9	3	7
7	6	8	3	9	4	2	1	5

Solution Sudoku 40

2	1	3	6	9	5	4	7	8
8	6	5	7	4	2	1	9	3
9	7	4	1	3	8	2	5	6
3	2	7	4	6	9	8	1	5
1	4	8	2	5	3	7	6	9
5	9	6	8	7	1	3	2	4
4	8	9	5	2	7	6	3	1
6	5	2	3	1	4	9	8	7
7	3	1	9	8	6	5	4	2

Solution Sudoku 41

7	9	2	4	3	8	6	5	1
5	3	8	6	1	7	9	4	2
6	4	1	5	9	2	3	8	7
3	5	9	1	4	6	2	7	8
1	6	7	8	2	3	5	9	4
2	8	4	9	7	5	1	6	3
8	7	5	2	6	1	4	3	9
4	1	3	7	5	9	8	2	6
9	2	6	3	8	4	7	1	5

Solution Sudoku 42

5	1	3	9	8	7	2	6	4
8	6	7	4	1	2	3	9	5
4	2	9	5	3	6	7	1	8
2	4	8	1	5	3	9	7	6
7	9	1	2	6	4	8	5	3
6	3	5	8	7	9	1	4	2
9	5	2	3	4	1	6	8	7
1	8	6	7	2	5	4	3	9
3	7	4	6	9	8	5	2	1

Solution Sudoku 43

8	7	3	6	1	9	4	2	5
6	5	9	2	7	4	8	1	3
1	2	4	3	5	8	6	9	7
4	8	5	7	9	3	1	6	2
9	1	2	4	6	5	7	3	8
3	6	7	1	8	2	9	5	4
5	4	8	9	3	1	2	7	6
2	9	6	5	4	7	3	8	1
7	3	1	8	2	6	5	4	9

Solution Sudoku 44

2	6	4	8	5	7	3	9	1
3	5	9	6	1	4	8	2	7
8	7	1	2	3	9	4	6	5
6	4	8	5	9	2	7	1	3
7	9	2	1	4	3	6	5	8
1	3	5	7	8	6	9	4	2
4	2	7	3	6	1	5	8	9
9	8	3	4	2	5	1	7	6
5	1	6	9	7	8	2	3	4

Solution Sudoku 45

1	2	5	7	6	8	9	4	3
8	4	9	5	1	3	7	6	2
6	7	3	4	9	2	1	5	8
4	3	7	2	5	1	8	9	6
5	9	6	8	4	7	3	2	1
2	8	1	6	3	9	5	7	4
9	5	8	3	2	4	6	1	7
3	6	4	1	7	5	2	8	9
7	1	2	9	8	6	4	3	5

Solution Sudoku 46

1	4	3	8	6	2	5	7	9
5	2	9	1	4	7	6	8	3
6	8	7	5	3	9	4	1	2
4	3	5	2	1	8	7	9	6
8	7	6	3	9	4	1	2	5
2	9	1	6	7	5	8	3	4
7	1	4	9	2	6	3	5	8
9	6	8	7	5	3	2	4	1
3	5	2	4	8	1	9	6	7

Solution Sudoku 47

6	3	2	7	9	8	1	5	4
9	8	1	6	4	5	2	7	3
5	4	7	1	2	3	9	8	6
8	2	4	5	1	9	6	3	7
1	6	5	3	7	4	8	2	9
3	7	9	8	6	2	5	4	1
2	9	8	4	3	1	7	6	5
7	1	3	2	5	6	4	9	8
4	5	6	9	8	7	3	1	2

Solution Sudoku 48

7	6	4	2	9	5	8	3	1
2	5	3	8	7	1	9	4	6
9	1	8	6	3	4	7	5	2
6	8	5	1	2	7	3	9	4
4	2	1	3	5	9	6	7	8
3	7	9	4	8	6	1	2	5
8	4	7	5	6	3	2	1	9
1	3	2	9	4	8	5	6	7
5	9	6	7	1	2	4	8	3

Solution Sudoku 49

3	5	8	1	2	7	9	4	6
4	9	1	8	6	5	7	2	3
6	2	7	3	4	9	1	5	8
1	8	4	9	5	6	2	3	7
9	6	2	7	8	3	5	1	4
7	3	5	2	1	4	8	6	9
8	4	9	5	3	1	6	7	2
5	7	3	6	9	2	4	8	1
2	1	6	4	7	8	3	9	5

Solution Sudoku 50

4	9	1	7	2	3	5	6	8
5	8	3	1	9	6	2	7	4
7	6	2	8	4	5	3	9	1
8	3	9	5	7	2	1	4	6
2	4	6	3	1	9	7	8	5
1	7	5	6	8	4	9	2	3
9	2	8	4	5	1	6	3	7
3	5	4	9	6	7	8	1	2
6	1	7	2	3	8	4	5	9

Solution Sudoku 51

7	6	2	1	4	3	8	9	5
9	1	5	7	6	8	4	3	2
3	4	8	9	5	2	7	6	1
2	3	4	8	9	7	5	1	6
5	9	6	4	2	1	3	7	8
8	7	1	6	3	5	9	2	4
4	5	9	2	7	6	1	8	3
6	8	3	5	1	9	2	4	7
1	2	7	3	8	4	6	5	9

Solution Sudoku 52

6	4	2	7	3	1	9	8	5
3	7	9	2	8	5	1	4	6
8	1	5	4	9	6	7	2	3
5	9	4	3	6	2	8	1	7
1	8	6	9	5	7	4	3	2
2	3	7	8	1	4	6	5	9
4	5	8	6	7	3	2	9	1
7	2	1	5	4	9	3	6	8
9	6	3	1	2	8	5	7	4

Solution Sudoku 53

3	1	2	6	7	4	5	8	9
6	8	5	3	1	9	7	4	2
9	4	7	8	5	2	3	1	6
7	2	3	5	8	1	9	6	4
1	9	4	2	3	6	8	5	7
5	6	8	9	4	7	1	2	3
4	7	9	1	6	5	2	3	8
2	3	1	4	9	8	6	7	5
8	5	6	7	2	3	4	9	1

Solution Sudoku 54

2	3	5	4	7	1	9	8	6
4	9	1	8	3	6	5	2	7
6	8	7	9	5	2	4	3	1
5	1	2	6	9	3	7	4	8
3	4	8	1	2	7	6	9	5
7	6	9	5	8	4	3	1	2
8	7	4	2	6	9	1	5	3
1	2	6	3	4	5	8	7	9
9	5	3	7	1	8	2	6	4

Solution Sudoku 55

1	7	5	2	9	4	8	3	6
9	2	8	1	6	3	4	5	7
4	6	3	7	5	8	9	2	1
7	4	9	5	1	6	2	8	3
2	8	1	3	4	9	7	6	5
5	3	6	8	2	7	1	4	9
3	1	2	4	7	5	6	9	8
8	9	4	6	3	1	5	7	2
6	5	7	9	8	2	3	1	4

Solution Sudoku 56

4	1	3	8	9	7	5	2	6
5	8	2	4	3	6	1	7	9
9	7	6	2	1	5	3	8	4
3	5	8	9	2	4	6	1	7
7	2	4	5	6	1	9	3	8
1	6	9	7	8	3	4	5	2
6	9	7	1	5	8	2	4	3
2	4	1	3	7	9	8	6	5
8	3	5	6	4	2	7	9	1

Solution Sudoku 57

8	3	1	5	2	7	6	9	4
4	5	7	8	6	9	3	2	1
9	6	2	4	1	3	5	7	8
3	9	8	2	5	6	4	1	7
2	4	5	7	8	1	9	3	6
7	1	6	3	9	4	2	8	5
5	2	3	1	4	8	7	6	9
1	7	9	6	3	5	8	4	2
6	8	4	9	7	2	1	5	3

Solution Sudoku 58

9	6	2	8	7	1	4	5	3
7	8	5	6	3	4	9	2	1
3	1	4	5	2	9	7	8	6
6	4	1	2	8	5	3	7	9
8	3	9	7	1	6	2	4	5
5	2	7	9	4	3	1	6	8
2	9	3	4	6	8	5	1	7
1	7	8	3	5	2	6	9	4
4	5	6	1	9	7	8	3	2

Solution Sudoku 59

4	3	9	1	2	6	5	7	8
1	7	2	4	5	8	3	9	6
6	8	5	9	7	3	2	4	1
7	5	8	6	9	2	1	3	4
9	1	6	3	4	5	7	8	2
2	4	3	8	1	7	6	5	9
3	6	4	7	8	1	9	2	5
8	2	7	5	6	9	4	1	3
5	9	1	2	3	4	8	6	7

Solution Sudoku 60

7	1	4	6	9	8	5	3	2
8	2	9	3	5	4	1	7	6
6	5	3	2	7	1	8	4	9
9	3	5	7	8	2	6	1	4
4	7	8	1	6	5	9	2	3
1	6	2	4	3	9	7	5	8
2	9	7	5	4	6	3	8	1
5	4	6	8	1	3	2	9	7
3	8	1	9	2	7	4	6	5

Solution Sudoku 61

2	1	5	8	3	6	7	4	9
4	8	9	7	1	5	3	2	6
3	6	7	4	9	2	5	1	8
5	4	8	2	7	9	6	3	1
6	7	1	3	4	8	9	5	2
9	2	3	6	5	1	8	7	4
7	3	2	9	6	4	1	8	5
8	5	6	1	2	3	4	9	7
1	9	4	5	8	7	2	6	3

Solution Sudoku 62

5	4	6	2	1	3	7	9	8
1	3	9	7	8	6	2	4	5
8	2	7	4	9	5	1	3	6
9	6	5	1	4	7	3	8	2
4	1	8	6	3	2	9	5	7
3	7	2	9	5	8	6	1	4
7	5	4	3	2	1	8	6	9
6	9	3	8	7	4	5	2	1
2	8	1	5	6	9	4	7	3

Solution Sudoku 63

8	3	1	6	5	7	4	2	9
7	2	9	4	8	3	1	5	6
6	5	4	1	9	2	7	8	3
9	1	3	2	6	8	5	4	7
2	4	8	9	7	5	3	6	1
5	7	6	3	4	1	2	9	8
1	6	7	5	2	9	8	3	4
3	9	2	8	1	4	6	7	5
4	8	5	7	3	6	9	1	2

Solution Sudoku 64

7	5	6	3	9	2	4	1	8
1	2	4	8	7	6	9	5	3
3	8	9	4	1	5	6	7	2
5	6	2	1	8	3	7	9	4
9	3	8	5	4	7	1	2	6
4	7	1	6	2	9	8	3	5
6	4	7	2	3	1	5	8	9
8	9	3	7	5	4	2	6	1
2	1	5	9	6	8	3	4	7

Solution Sudoku 65

6	4	9	3	7	8	1	5	2
8	1	2	5	9	6	7	3	4
7	3	5	4	1	2	6	9	8
9	5	3	6	4	7	8	2	1
1	7	4	8	2	5	9	6	3
2	6	8	1	3	9	4	7	5
5	9	7	2	8	1	3	4	6
3	2	1	7	6	4	5	8	9
4	8	6	9	5	3	2	1	7

Solution Sudoku 66

3	8	2	7	6	4	1	5	9
4	1	7	5	9	3	8	6	2
9	6	5	8	2	1	7	3	4
5	9	8	6	7	2	4	1	3
7	3	4	1	5	8	2	9	6
1	2	6	4	3	9	5	8	7
6	5	1	3	4	7	9	2	8
2	4	3	9	8	5	6	7	1
8	7	9	2	1	6	3	4	5

Solution Sudoku 67

1	2	3	7	9	4	5	6	8
6	9	8	3	1	5	2	4	7
4	7	5	6	8	2	1	9	3
2	1	4	5	6	8	7	3	9
8	6	9	2	3	7	4	5	1
3	5	7	9	4	1	6	8	2
9	4	2	8	7	6	3	1	5
5	3	6	1	2	9	8	7	4
7	8	1	4	5	3	9	2	6

Solution Sudoku 68

8	4	9	1	6	2	3	5	7
3	7	2	4	5	9	8	1	6
5	6	1	3	7	8	4	2	9
2	1	7	8	9	3	5	6	4
6	8	4	7	2	5	9	3	1
9	3	5	6	1	4	2	7	8
7	5	8	9	3	6	1	4	2
4	2	6	5	8	1	7	9	3
1	9	3	2	4	7	6	8	5

Solution Sudoku 69

9	4	1	8	6	3	5	2	7
5	2	8	7	4	1	9	3	6
6	3	7	5	9	2	4	1	8
8	6	4	9	1	5	2	7	3
2	7	5	4	3	8	1	6	9
1	9	3	2	7	6	8	4	5
7	5	2	6	8	4	3	9	1
3	8	9	1	2	7	6	5	4
4	1	6	3	5	9	7	8	2

Solution Sudoku 70

9	4	2	8	3	6	5	1	7
5	6	8	2	1	7	9	4	3
3	7	1	9	5	4	8	2	6
7	8	5	4	6	9	2	3	1
6	3	4	5	2	1	7	8	9
1	2	9	3	7	8	4	6	5
8	1	6	7	9	2	3	5	4
4	9	3	1	8	5	6	7	2
2	5	7	6	4	3	1	9	8

Solution Sudoku 71

2	8	5	7	6	9	3	1	4
9	4	6	2	3	1	7	5	8
1	7	3	5	8	4	6	2	9
6	2	7	3	9	8	1	4	5
5	1	8	4	7	6	2	9	3
4	3	9	1	5	2	8	7	6
8	5	2	6	4	7	9	3	1
7	9	4	8	1	3	5	6	2
3	6	1	9	2	5	4	8	7

Solution Sudoku 72

1	6	2	5	3	7	9	8	4
3	9	8	1	4	2	7	5	6
5	7	4	6	8	9	1	3	2
2	5	9	8	7	1	6	4	3
6	4	7	3	9	5	8	2	1
8	1	3	2	6	4	5	9	7
9	3	5	4	1	6	2	7	8
7	8	6	9	2	3	4	1	5
4	2	1	7	5	8	3	6	9

Solution Sudoku 73

4	1	2	7	5	8	3	6	9
6	9	7	3	1	4	8	5	2
8	3	5	9	6	2	1	4	7
7	8	9	6	3	5	4	2	1
2	6	3	4	7	1	5	9	8
1	5	4	2	8	9	6	7	3
9	2	6	1	4	3	7	8	5
3	4	8	5	2	7	9	1	6
5	7	1	8	9	6	2	3	4

Solution Sudoku 74

5	3	7	6	4	2	8	9	1
6	1	4	5	8	9	3	2	7
2	8	9	3	1	7	4	5	6
8	7	6	2	5	4	1	3	9
1	9	2	8	7	3	5	6	4
4	5	3	9	6	1	2	7	8
9	6	5	1	3	8	7	4	2
3	4	1	7	2	6	9	8	5
7	2	8	4	9	5	6	1	3

Solution Sudoku 75

2	4	7	6	9	8	3	1	5
1	6	8	5	3	4	9	2	7
9	5	3	2	7	1	8	4	6
3	8	1	4	6	2	7	5	9
5	7	4	9	1	3	6	8	2
6	2	9	7	8	5	1	3	4
8	9	2	3	5	7	4	6	1
4	1	6	8	2	9	5	7	3
7	3	5	1	4	6	2	9	8

Solution Sudoku 76

4	9	5	1	2	8	7	3	6
3	8	1	6	7	9	5	4	2
6	7	2	5	3	4	1	8	9
9	4	7	2	8	1	3	6	5
8	1	3	7	5	6	2	9	4
2	5	6	4	9	3	8	7	1
1	2	8	9	4	7	6	5	3
7	6	4	3	1	5	9	2	8
5	3	9	8	6	2	4	1	7

Solution Sudoku 77

6	3	8	9	7	4	5	1	2
7	5	9	1	3	2	8	4	6
2	1	4	5	8	6	3	9	7
9	2	1	6	5	7	4	3	8
4	7	3	8	2	9	1	6	5
8	6	5	4	1	3	7	2	9
5	9	7	2	4	1	6	8	3
3	4	6	7	9	8	2	5	1
1	8	2	3	6	5	9	7	4

Solution Sudoku 78

8	9	7	6	1	3	5	2	4
3	6	2	4	7	5	8	1	9
4	1	5	8	2	9	3	7	6
7	8	9	2	4	6	1	3	5
2	3	6	5	9	1	4	8	7
1	5	4	7	3	8	9	6	2
5	4	3	1	6	7	2	9	8
6	2	1	9	8	4	7	5	3
9	7	8	3	5	2	6	4	1

Solution Sudoku 79

5	4	6	7	8	9	2	3	1
2	9	7	1	3	5	6	8	4
3	1	8	2	4	6	7	9	5
1	8	3	5	7	4	9	2	6
4	7	9	6	2	8	1	5	3
6	5	2	3	9	1	8	4	7
8	3	1	9	5	7	4	6	2
7	2	4	8	6	3	5	1	9
9	6	5	4	1	2	3	7	8

Solution Sudoku 80

5	8	3	1	9	2	4	7	6
1	2	6	7	4	3	5	9	8
4	7	9	6	8	5	3	2	1
8	3	7	2	1	9	6	4	5
9	1	2	4	5	6	7	8	3
6	4	5	3	7	8	9	1	2
3	9	4	5	2	1	8	6	7
2	6	8	9	3	7	1	5	4
7	5	1	8	6	4	2	3	9

Solution Sudoku 81

4	2	5	3	6	7	1	8	9
1	9	7	8	2	4	5	6	3
8	3	6	5	1	9	4	2	7
7	6	8	1	4	3	2	9	5
9	4	2	7	5	8	3	1	6
3	5	1	6	9	2	8	7	4
6	8	9	4	3	1	7	5	2
2	7	3	9	8	5	6	4	1
5	1	4	2	7	6	9	3	8

Solution Sudoku 82

1	6	8	4	7	5	3	9	2
2	4	7	3	8	9	6	1	5
3	9	5	2	6	1	7	8	4
9	3	6	7	5	8	2	4	1
5	7	4	1	2	3	8	6	9
8	1	2	6	9	4	5	3	7
6	2	3	9	1	7	4	5	8
4	8	9	5	3	2	1	7	6
7	5	1	8	4	6	9	2	3

Solution Sudoku 83

4	2	9	1	5	7	8	6	3
8	7	1	2	3	6	9	5	4
6	3	5	9	8	4	1	2	7
3	8	4	5	2	1	6	7	9
1	5	6	3	7	9	4	8	2
2	9	7	4	6	8	3	1	5
7	1	2	6	9	3	5	4	8
5	6	3	8	4	2	7	9	1
9	4	8	7	1	5	2	3	6

Solution Sudoku 84

7	8	5	2	6	4	3	1	9
3	1	4	7	9	5	8	2	6
6	2	9	8	3	1	5	7	4
8	6	3	1	4	9	2	5	7
2	9	7	5	8	6	4	3	1
4	5	1	3	2	7	9	6	8
1	4	8	6	5	2	7	9	3
5	3	6	9	7	8	1	4	2
9	7	2	4	1	3	6	8	5

Solution Sudoku 85

6	8	4	9	7	2	3	1	5
3	7	5	8	4	1	9	2	6
9	1	2	5	6	3	4	8	7
7	3	9	2	1	8	5	6	4
4	2	1	6	5	9	8	7	3
5	6	8	4	3	7	1	9	2
2	4	7	1	8	5	6	3	9
8	5	3	7	9	6	2	4	1
1	9	6	3	2	4	7	5	8

Solution Sudoku 86

6	9	3	8	4	2	1	7	5
7	1	8	5	6	9	3	2	4
4	5	2	7	3	1	8	6	9
3	6	4	2	5	7	9	1	8
1	2	5	9	8	4	6	3	7
9	8	7	6	1	3	4	5	2
2	4	6	3	9	5	7	8	1
8	7	1	4	2	6	5	9	3
5	3	9	1	7	8	2	4	6

Solution Sudoku 87

2	7	3	6	1	5	4	8	9
5	8	9	7	4	3	6	1	2
4	1	6	8	9	2	7	3	5
6	2	8	3	5	4	9	7	1
3	9	4	1	7	8	2	5	6
1	5	7	2	6	9	8	4	3
9	3	1	4	2	7	5	6	8
7	6	2	5	8	1	3	9	4
8	4	5	9	3	6	1	2	7

Solution Sudoku 88

4	6	2	3	5	9	1	8	7
3	5	8	1	7	4	9	2	6
1	7	9	6	8	2	4	3	5
5	9	1	2	4	7	3	6	8
6	8	7	9	3	5	2	1	4
2	4	3	8	6	1	5	7	9
7	2	4	5	1	8	6	9	3
9	3	5	7	2	6	8	4	1
8	1	6	4	9	3	7	5	2

Solution Sudoku 89

7	3	8	6	1	2	5	9	4
4	1	6	9	7	5	3	8	2
5	2	9	8	4	3	6	1	7
8	7	1	5	2	6	9	4	3
2	6	4	7	3	9	8	5	1
9	5	3	4	8	1	7	2	6
3	4	7	2	9	8	1	6	5
1	9	5	3	6	4	2	7	8
6	8	2	1	5	7	4	3	9

Solution Sudoku 90

9	6	4	8	7	1	2	3	5
1	5	2	4	6	3	8	7	9
3	8	7	2	9	5	4	6	1
6	7	8	1	5	4	9	2	3
4	2	1	6	3	9	5	8	7
5	3	9	7	2	8	6	1	4
7	4	3	9	8	6	1	5	2
8	1	5	3	4	2	7	9	6
2	9	6	5	1	7	3	4	8

Solution Sudoku 91

8	3	6	2	5	9	4	1	7
1	4	9	3	8	7	5	6	2
5	2	7	1	6	4	3	8	9
4	6	2	9	7	3	1	5	8
7	5	8	4	1	6	2	9	3
3	9	1	5	2	8	7	4	6
6	1	5	8	3	2	9	7	4
9	7	3	6	4	1	8	2	5
2	8	4	7	9	5	6	3	1

Solution Sudoku 92

3	4	1	9	6	8	2	7	5
2	6	8	4	5	7	1	3	9
5	7	9	1	3	2	6	8	4
6	5	4	3	8	1	9	2	7
8	9	3	2	7	5	4	1	6
1	2	7	6	4	9	8	5	3
9	8	5	7	1	4	3	6	2
7	3	2	8	9	6	5	4	1
4	1	6	5	2	3	7	9	8

Solution Sudoku 93

7	5	6	2	9	1	4	8	3
8	2	9	7	4	3	5	1	6
4	3	1	6	5	8	2	7	9
2	6	5	3	7	9	8	4	1
3	4	7	1	8	6	9	5	2
1	9	8	4	2	5	3	6	7
6	1	4	5	3	2	7	9	8
9	7	2	8	1	4	6	3	5
5	8	3	9	6	7	1	2	4

Solution Sudoku 94

4	9	2	3	8	7	6	5	1
6	3	5	2	4	1	7	9	8
1	8	7	9	5	6	2	4	3
7	6	9	4	3	5	8	1	2
3	1	4	8	6	2	9	7	5
2	5	8	7	1	9	3	6	4
5	7	1	6	2	3	4	8	9
8	2	6	1	9	4	5	3	7
9	4	3	5	7	8	1	2	6

Solution Sudoku 95

2	5	7	4	9	1	6	8	3
6	3	8	5	7	2	9	1	4
1	4	9	6	8	3	7	5	2
5	8	4	7	2	9	1	3	6
7	6	3	1	4	5	2	9	8
9	1	2	8	3	6	5	4	7
3	7	1	2	5	8	4	6	9
4	9	6	3	1	7	8	2	5
8	2	5	9	6	4	3	7	1

Solution Sudoku 96

4	1	9	5	7	2	6	8	3
8	2	3	6	4	1	5	7	9
7	6	5	9	8	3	4	1	2
1	5	2	8	9	4	3	6	7
6	3	4	1	5	7	2	9	8
9	7	8	3	2	6	1	4	5
3	9	1	7	6	5	8	2	4
2	8	6	4	3	9	7	5	1
5	4	7	2	1	8	9	3	6

Solution Sudoku 97

4	6	8	5	7	1	9	2	3
3	1	9	8	2	4	5	6	7
5	2	7	3	6	9	1	8	4
6	7	4	9	3	2	8	1	5
9	5	2	1	8	7	3	4	6
8	3	1	6	4	5	2	7	9
2	8	3	7	5	6	4	9	1
7	9	5	4	1	8	6	3	2
1	4	6	2	9	3	7	5	8

Solution Sudoku 98

3	4	8	9	5	7	1	6	2
2	7	1	3	6	8	9	4	5
9	6	5	2	1	4	8	3	7
8	5	3	6	2	1	7	9	4
4	1	2	7	9	3	5	8	6
6	9	7	4	8	5	3	2	1
7	3	9	1	4	6	2	5	8
5	2	4	8	7	9	6	1	3
1	8	6	5	3	2	4	7	9

Solution Sudoku 99

6	4	8	3	7	9	5	1	2
1	3	9	2	4	5	7	6	8
2	7	5	6	8	1	4	9	3
9	5	6	1	2	8	3	4	7
4	2	7	5	6	3	9	8	1
3	8	1	4	9	7	2	5	6
7	6	4	9	1	2	8	3	5
5	9	2	8	3	6	1	7	4
8	1	3	7	5	4	6	2	9

Solution Sudoku 100

1	4	3	8	5	2	9	6	7
2	5	7	9	1	6	3	4	8
9	6	8	3	7	4	1	2	5
3	8	2	4	6	1	7	5	9
6	9	5	2	3	7	4	8	1
7	1	4	5	8	9	2	3	6
4	3	1	6	9	8	5	7	2
5	7	6	1	2	3	8	9	4
8	2	9	7	4	5	6	1	3

Solution Sudoku 101

9	1	3	6	8	4	5	7	2
8	4	5	7	9	2	3	1	6
2	6	7	3	1	5	8	9	4
1	7	2	5	3	6	4	8	9
4	5	8	9	7	1	2	6	3
6	3	9	2	4	8	7	5	1
3	9	1	8	2	7	6	4	5
5	8	4	1	6	3	9	2	7
7	2	6	4	5	9	1	3	8

Solution Sudoku 102

8	3	1	5	2	9	6	4	7
4	2	5	7	8	6	1	3	9
6	9	7	1	3	4	2	8	5
7	1	2	3	4	5	9	6	8
3	6	8	9	1	2	7	5	4
5	4	9	6	7	8	3	2	1
1	8	4	2	6	7	5	9	3
2	5	3	8	9	1	4	7	6
9	7	6	4	5	3	8	1	2

Solution Sudoku 103

6	2	9	8	4	1	3	5	7
3	7	5	6	2	9	8	1	4
8	4	1	3	5	7	6	2	9
5	3	4	9	6	2	7	8	1
2	9	8	7	1	4	5	6	3
1	6	7	5	3	8	9	4	2
4	5	6	2	9	3	1	7	8
9	8	2	1	7	6	4	3	5
7	1	3	4	8	5	2	9	6

Solution Sudoku 104

2	9	1	3	4	8	7	5	6
7	3	5	9	1	6	8	4	2
4	6	8	2	5	7	1	9	3
5	4	7	6	8	1	2	3	9
8	2	3	4	9	5	6	7	1
6	1	9	7	2	3	4	8	5
1	8	6	5	3	4	9	2	7
3	7	2	8	6	9	5	1	4
9	5	4	1	7	2	3	6	8

Solution Sudoku 105

9	7	5	8	6	4	2	1	3
8	3	4	9	2	1	5	7	6
2	6	1	5	3	7	9	8	4
1	8	7	6	4	9	3	5	2
4	2	6	3	7	5	8	9	1
3	5	9	1	8	2	6	4	7
6	9	3	7	1	8	4	2	5
7	4	8	2	5	6	1	3	9
5	1	2	4	9	3	7	6	8

Solution Sudoku 106

7	4	2	6	3	8	5	9	1
3	6	1	9	5	2	7	8	4
9	8	5	1	4	7	2	3	6
1	3	8	2	9	4	6	5	7
2	7	4	5	6	3	8	1	9
6	5	9	7	8	1	4	2	3
8	1	3	4	2	6	9	7	5
4	9	7	8	1	5	3	6	2
5	2	6	3	7	9	1	4	8

Solution Sudoku 107

8	1	3	6	2	4	7	9	5
5	4	9	7	3	1	2	6	8
7	2	6	5	9	8	1	4	3
4	8	2	9	1	5	6	3	7
3	9	5	8	6	7	4	2	1
6	7	1	3	4	2	5	8	9
1	6	8	4	7	3	9	5	2
2	5	4	1	8	9	3	7	6
9	3	7	2	5	6	8	1	4

Solution Sudoku 108

8	9	7	2	3	5	4	1	6
1	3	2	9	6	4	8	7	5
6	5	4	7	8	1	3	9	2
2	8	9	3	5	7	1	6	4
5	7	1	4	9	6	2	3	8
3	4	6	1	2	8	7	5	9
7	1	5	8	4	9	6	2	3
9	2	8	6	7	3	5	4	1
4	6	3	5	1	2	9	8	7

Solution Sudoku 109

5	1	8	4	9	7	3	6	2
4	9	3	1	2	6	7	8	5
6	2	7	5	3	8	1	9	4
8	6	1	7	4	9	2	5	3
3	4	2	6	1	5	9	7	8
9	7	5	3	8	2	4	1	6
2	5	6	9	7	3	8	4	1
1	3	9	8	5	4	6	2	7
7	8	4	2	6	1	5	3	9

Solution Sudoku 110

1	2	4	8	5	3	6	9	7
6	8	5	7	4	9	1	2	3
7	9	3	1	2	6	4	8	5
3	4	8	9	1	7	2	5	6
9	1	2	3	6	5	7	4	8
5	6	7	2	8	4	3	1	9
2	5	1	6	3	8	9	7	4
4	7	6	5	9	2	8	3	1
8	3	9	4	7	1	5	6	2

Solution Sudoku 111

9	1	7	6	4	8	2	3	5
2	5	8	9	1	3	7	4	6
4	3	6	2	5	7	1	9	8
1	8	4	7	2	9	6	5	3
5	2	9	3	6	1	4	8	7
6	7	3	4	8	5	9	2	1
7	9	5	1	3	4	8	6	2
3	6	1	8	9	2	5	7	4
8	4	2	5	7	6	3	1	9

Solution Sudoku 112

2	6	9	5	8	3	1	7	4
3	5	7	1	4	6	9	8	2
4	8	1	9	2	7	3	6	5
9	1	5	3	7	4	8	2	6
6	4	3	2	5	8	7	9	1
7	2	8	6	1	9	5	4	3
5	9	6	7	3	2	4	1	8
1	7	4	8	6	5	2	3	9
8	3	2	4	9	1	6	5	7

Solution Sudoku 113

6	3	5	4	8	2	9	7	1
9	7	1	6	3	5	8	4	2
4	8	2	9	1	7	6	3	5
7	9	4	8	2	3	1	5	6
5	1	6	7	4	9	2	8	3
8	2	3	1	5	6	4	9	7
1	6	9	3	7	8	5	2	4
3	5	8	2	6	4	7	1	9
2	4	7	5	9	1	3	6	8

Solution Sudoku 114

3	4	7	2	6	5	9	1	8
1	6	2	4	8	9	3	7	5
9	5	8	3	7	1	6	4	2
8	2	4	9	5	3	1	6	7
6	3	5	7	1	2	4	8	9
7	9	1	8	4	6	2	5	3
2	1	6	5	3	8	7	9	4
4	8	3	1	9	7	5	2	6
5	7	9	6	2	4	8	3	1

Solution Sudoku 115

7	4	6	2	8	5	3	1	9
2	9	1	3	7	6	5	8	4
3	5	8	9	4	1	2	7	6
6	7	5	8	3	4	1	9	2
8	2	9	5	1	7	4	6	3
1	3	4	6	2	9	8	5	7
9	8	2	1	6	3	7	4	5
4	6	3	7	5	8	9	2	1
5	1	7	4	9	2	6	3	8

Solution Sudoku 116

5	1	4	7	2	3	8	6	9
7	6	2	8	9	1	3	4	5
9	3	8	5	6	4	1	7	2
3	8	6	9	7	5	2	1	4
2	5	1	4	3	6	7	9	8
4	9	7	2	1	8	6	5	3
8	7	9	1	4	2	5	3	6
6	4	5	3	8	7	9	2	1
1	2	3	6	5	9	4	8	7

Solution Sudoku 117

1	6	8	4	9	2	5	7	3
5	3	9	6	1	7	2	4	8
7	4	2	5	8	3	1	9	6
8	9	4	1	7	5	6	3	2
6	2	5	9	3	4	7	8	1
3	1	7	2	6	8	9	5	4
4	5	3	7	2	1	8	6	9
2	8	6	3	5	9	4	1	7
9	7	1	8	4	6	3	2	5

Solution Sudoku 118

2	7	9	6	3	8	1	4	5
5	6	1	4	7	9	8	2	3
8	3	4	1	2	5	7	6	9
6	1	5	2	9	4	3	7	8
4	9	7	8	1	3	6	5	2
3	8	2	7	5	6	4	9	1
9	5	6	3	4	1	2	8	7
1	2	8	5	6	7	9	3	4
7	4	3	9	8	2	5	1	6

Solution Sudoku 119

6	5	1	9	8	4	2	7	3
9	3	7	1	2	5	4	8	6
8	4	2	3	6	7	5	9	1
5	8	3	6	4	1	9	2	7
1	2	4	8	7	9	3	6	5
7	6	9	5	3	2	8	1	4
3	7	6	2	5	8	1	4	9
4	9	8	7	1	3	6	5	2
2	1	5	4	9	6	7	3	8

Solution Sudoku 120

9	7	6	5	1	8	3	2	4
8	1	3	4	9	2	5	6	7
5	2	4	7	3	6	9	1	8
1	5	9	3	6	7	8	4	2
7	3	8	9	2	4	1	5	6
6	4	2	8	5	1	7	9	3
3	6	1	2	8	9	4	7	5
2	8	7	1	4	5	6	3	9
4	9	5	6	7	3	2	8	1

Solution Sudoku 121

9	8	3	4	7	5	6	1	2
6	4	1	2	3	8	9	7	5
2	7	5	1	6	9	8	3	4
1	9	7	5	4	6	2	8	3
8	2	4	7	1	3	5	9	6
5	3	6	9	8	2	1	4	7
7	1	8	6	5	4	3	2	9
3	6	9	8	2	7	4	5	1
4	5	2	3	9	1	7	6	8

Solution Sudoku 122

3	9	5	8	7	4	1	6	2
8	2	7	6	9	1	4	5	3
4	1	6	3	2	5	8	7	9
2	6	3	5	4	8	7	9	1
1	7	4	2	6	9	3	8	5
9	5	8	1	3	7	2	4	6
5	4	2	7	1	6	9	3	8
6	3	9	4	8	2	5	1	7
7	8	1	9	5	3	6	2	4

Solution Sudoku 123

3	5	8	4	2	1	9	6	7
2	7	1	8	6	9	3	4	5
4	6	9	3	5	7	1	8	2
6	2	3	1	9	8	7	5	4
1	9	4	2	7	5	6	3	8
7	8	5	6	4	3	2	1	9
5	1	6	9	8	2	4	7	3
9	3	7	5	1	4	8	2	6
8	4	2	7	3	6	5	9	1

Solution Sudoku 124

6	4	3	1	8	9	7	2	5
8	2	5	7	4	6	3	9	1
7	9	1	2	5	3	4	8	6
1	3	8	6	2	4	5	7	9
9	7	4	8	1	5	6	3	2
5	6	2	9	3	7	8	1	4
2	5	7	3	6	1	9	4	8
3	8	6	4	9	2	1	5	7
4	1	9	5	7	8	2	6	3

Solution Sudoku 125

7	5	3	6	1	2	9	8	4
8	2	9	4	3	7	6	1	5
6	1	4	8	5	9	7	3	2
9	6	5	7	8	3	2	4	1
2	4	7	1	6	5	3	9	8
3	8	1	9	2	4	5	6	7
5	9	6	2	4	1	8	7	3
1	3	8	5	7	6	4	2	9
4	7	2	3	9	8	1	5	6

Solution Sudoku 126

6	1	5	8	2	4	7	9	3
8	4	9	7	3	5	6	2	1
3	7	2	6	9	1	4	5	8
9	6	7	5	1	2	3	8	4
2	3	8	4	7	9	5	1	6
1	5	4	3	8	6	9	7	2
7	2	6	1	5	3	8	4	9
4	8	1	9	6	7	2	3	5
5	9	3	2	4	8	1	6	7

Solution Sudoku 127

6	5	9	4	3	7	2	8	1
4	1	7	8	2	6	9	3	5
3	8	2	5	9	1	4	7	6
1	4	6	2	7	9	8	5	3
2	3	8	6	4	5	1	9	7
9	7	5	1	8	3	6	4	2
5	9	4	3	6	2	7	1	8
8	2	1	7	5	4	3	6	9
7	6	3	9	1	8	5	2	4

Solution Sudoku 128

7	8	3	9	2	4	6	5	1
6	5	2	8	1	3	4	9	7
9	4	1	5	6	7	2	8	3
3	2	4	6	8	9	1	7	5
5	1	7	3	4	2	8	6	9
8	9	6	1	7	5	3	4	2
4	7	5	2	3	8	9	1	6
2	6	9	4	5	1	7	3	8
1	3	8	7	9	6	5	2	4

Solution Sudoku 129

7	3	9	1	6	8	5	2	4
1	5	8	4	2	3	9	6	7
6	2	4	5	9	7	1	3	8
4	1	6	9	3	2	7	8	5
5	8	3	7	1	6	4	9	2
2	9	7	8	5	4	6	1	3
8	6	5	2	7	9	3	4	1
3	4	1	6	8	5	2	7	9
9	7	2	3	4	1	8	5	6

Solution Sudoku 130

7	4	5	2	3	9	8	6	1
1	6	8	4	7	5	9	3	2
9	2	3	1	8	6	5	4	7
2	8	6	9	4	3	1	7	5
4	3	7	8	5	1	2	9	6
5	9	1	6	2	7	4	8	3
8	7	4	5	6	2	3	1	9
3	1	2	7	9	4	6	5	8
6	5	9	3	1	8	7	2	4

Solution Sudoku 131

3	8	7	4	1	9	5	6	2
2	9	5	8	6	7	1	3	4
6	4	1	5	3	2	8	7	9
9	6	2	3	5	4	7	8	1
5	1	8	7	2	6	4	9	3
7	3	4	1	9	8	6	2	5
1	5	6	9	7	3	2	4	8
4	7	3	2	8	1	9	5	6
8	2	9	6	4	5	3	1	7

Solution Sudoku 132

6	2	1	3	4	8	7	9	5
3	8	4	5	9	7	1	2	6
5	7	9	1	2	6	8	3	4
1	9	5	8	7	4	3	6	2
4	6	7	2	3	5	9	8	1
8	3	2	6	1	9	4	5	7
7	5	3	9	6	1	2	4	8
9	1	8	4	5	2	6	7	3
2	4	6	7	8	3	5	1	9

Solution Sudoku 133

2	5	3	4	7	9	6	8	1
9	7	8	1	6	5	3	2	4
1	4	6	3	2	8	5	9	7
4	8	7	6	5	3	2	1	9
6	1	2	9	4	7	8	5	3
3	9	5	8	1	2	7	4	6
7	3	1	2	8	4	9	6	5
5	2	4	7	9	6	1	3	8
8	6	9	5	3	1	4	7	2

Solution Sudoku 134

9	8	2	4	7	5	6	3	1
5	4	7	3	1	6	8	2	9
6	1	3	9	2	8	5	4	7
3	2	8	5	6	7	1	9	4
7	6	4	1	3	9	2	8	5
1	5	9	8	4	2	3	7	6
8	9	1	2	5	4	7	6	3
4	3	6	7	8	1	9	5	2
2	7	5	6	9	3	4	1	8

Solution Sudoku 135

7	5	3	2	8	6	9	4	1
4	6	8	9	5	1	7	2	3
2	9	1	3	7	4	5	8	6
8	1	7	6	3	5	4	9	2
5	3	9	4	2	7	1	6	8
6	4	2	8	1	9	3	5	7
1	2	4	5	6	3	8	7	9
9	7	6	1	4	8	2	3	5
3	8	5	7	9	2	6	1	4

Solution Sudoku 136

7	9	2	1	8	3	6	4	5
5	4	6	9	7	2	1	3	8
8	1	3	4	5	6	7	2	9
3	7	9	8	2	1	4	5	6
6	8	1	7	4	5	3	9	2
4	2	5	6	3	9	8	7	1
9	3	8	2	6	7	5	1	4
2	5	4	3	1	8	9	6	7
1	6	7	5	9	4	2	8	3

Solution Sudoku 137

9	3	7	8	2	5	4	6	1
8	1	4	6	7	3	9	5	2
2	5	6	9	1	4	3	8	7
4	9	3	2	5	7	6	1	8
7	8	5	4	6	1	2	3	9
1	6	2	3	8	9	7	4	5
5	4	1	7	9	6	8	2	3
6	2	9	1	3	8	5	7	4
3	7	8	5	4	2	1	9	6

Solution Sudoku 138

5	1	8	6	3	7	2	4	9
6	9	4	2	1	5	3	8	7
7	2	3	8	4	9	5	1	6
4	6	1	5	7	3	9	2	8
9	3	5	1	2	8	7	6	4
2	8	7	4	9	6	1	5	3
3	5	2	7	6	4	8	9	1
1	4	9	3	8	2	6	7	5
8	7	6	9	5	1	4	3	2

Solution Sudoku 139

8	2	4	7	5	6	3	1	9
1	5	7	3	9	2	6	4	8
9	3	6	4	1	8	2	7	5
4	9	3	5	8	7	1	6	2
7	1	5	6	2	4	9	8	3
6	8	2	1	3	9	4	5	7
3	4	8	2	7	1	5	9	6
2	7	1	9	6	5	8	3	4
5	6	9	8	4	3	7	2	1

Solution Sudoku 140

5	6	8	2	7	3	4	9	1
7	1	4	8	5	9	3	6	2
2	3	9	1	6	4	7	8	5
9	7	3	6	1	2	8	5	4
1	8	6	4	3	5	9	2	7
4	2	5	7	9	8	6	1	3
6	5	7	9	4	1	2	3	8
8	9	1	3	2	7	5	4	6
3	4	2	5	8	6	1	7	9

Solution Sudoku 141

8	1	4	3	5	2	7	9	6
9	3	5	7	6	1	2	4	8
2	7	6	4	8	9	3	5	1
5	9	3	2	4	6	1	8	7
6	8	7	5	1	3	9	2	4
4	2	1	8	9	7	5	6	3
3	4	8	1	2	5	6	7	9
7	5	9	6	3	4	8	1	2
1	6	2	9	7	8	4	3	5

Solution Sudoku 142

5	4	7	1	8	2	9	6	3
8	6	9	7	3	4	2	5	1
2	3	1	5	9	6	4	7	8
1	8	2	3	5	9	6	4	7
4	9	5	6	1	7	3	8	2
6	7	3	4	2	8	1	9	5
9	5	4	2	7	1	8	3	6
3	2	8	9	6	5	7	1	4
7	1	6	8	4	3	5	2	9

Solution Sudoku 143

4	9	6	1	5	3	2	8	7
3	5	2	8	7	6	9	4	1
7	1	8	2	9	4	6	3	5
2	8	5	9	6	1	3	7	4
6	3	7	4	8	5	1	9	2
9	4	1	3	2	7	8	5	6
5	6	3	7	1	9	4	2	8
1	2	9	5	4	8	7	6	3
8	7	4	6	3	2	5	1	9

Solution Sudoku 144

9	4	5	6	1	8	2	7	3
7	2	6	3	5	4	9	1	8
1	3	8	2	7	9	6	5	4
2	5	4	1	3	7	8	9	6
3	8	7	4	9	6	5	2	1
6	9	1	8	2	5	3	4	7
4	7	3	9	6	2	1	8	5
8	6	2	5	4	1	7	3	9
5	1	9	7	8	3	4	6	2

Solution Sudoku 145

1	4	7	3	9	8	2	6	5
8	3	9	2	5	6	7	1	4
5	6	2	7	4	1	8	9	3
2	9	1	4	3	5	6	7	8
3	8	5	6	1	7	4	2	9
6	7	4	9	8	2	3	5	1
9	1	6	8	2	4	5	3	7
7	5	8	1	6	3	9	4	2
4	2	3	5	7	9	1	8	6

Solution Sudoku 146

9	5	6	8	2	3	7	1	4
3	8	1	4	5	7	9	6	2
7	2	4	9	1	6	8	5	3
2	1	3	5	8	9	4	7	6
8	7	5	3	6	4	2	9	1
6	4	9	2	7	1	3	8	5
5	3	7	6	4	8	1	2	9
4	6	8	1	9	2	5	3	7
1	9	2	7	3	5	6	4	8

Solution Sudoku 147

3	1	8	7	5	2	4	9	6
2	4	6	9	1	3	5	7	8
5	9	7	6	4	8	1	3	2
6	7	9	1	2	4	8	5	3
8	3	1	5	7	6	9	2	4
4	2	5	3	8	9	6	1	7
9	8	3	2	6	1	7	4	5
7	6	2	4	9	5	3	8	1
1	5	4	8	3	7	2	6	9

Solution Sudoku 148

5	1	4	9	6	7	8	3	2
3	9	6	4	8	2	1	5	7
7	2	8	1	3	5	9	4	6
2	8	3	5	4	1	7	6	9
1	4	9	2	7	6	5	8	3
6	5	7	8	9	3	4	2	1
4	3	2	7	1	8	6	9	5
9	7	5	6	2	4	3	1	8
8	6	1	3	5	9	2	7	4

Solution Sudoku 149

5	6	2	4	8	3	7	9	1
7	9	8	5	1	2	4	3	6
4	3	1	7	9	6	2	8	5
1	4	6	3	5	7	9	2	8
8	5	7	2	4	9	1	6	3
9	2	3	1	6	8	5	7	4
6	1	9	8	7	5	3	4	2
2	7	4	6	3	1	8	5	9
3	8	5	9	2	4	6	1	7

Solution Sudoku 150

5	7	9	6	1	8	2	3	4
6	2	8	9	4	3	1	5	7
3	4	1	5	7	2	8	6	9
7	5	4	8	3	6	9	1	2
1	6	2	4	9	5	7	8	3
8	9	3	1	2	7	6	4	5
4	8	6	2	5	9	3	7	1
9	1	7	3	6	4	5	2	8
2	3	5	7	8	1	4	9	6

Solution Sudoku 151

4	1	8	2	9	7	5	6	3
2	5	7	4	3	6	8	1	9
3	6	9	5	8	1	2	7	4
9	7	4	6	5	2	3	8	1
1	8	2	3	4	9	6	5	7
5	3	6	7	1	8	9	4	2
8	4	3	9	7	5	1	2	6
7	2	5	1	6	3	4	9	8
6	9	1	8	2	4	7	3	5

Solution Sudoku 152

5	7	8	2	9	3	4	6	1
1	6	2	4	8	7	3	5	9
9	4	3	6	5	1	2	8	7
8	9	7	5	6	4	1	3	2
6	3	4	1	2	8	7	9	5
2	5	1	7	3	9	8	4	6
4	8	5	9	7	2	6	1	3
7	1	9	3	4	6	5	2	8
3	2	6	8	1	5	9	7	4

Solution Sudoku 153

3	1	6	8	5	7	2	4	9
8	4	2	3	6	9	5	7	1
9	5	7	2	4	1	8	3	6
2	8	1	6	7	4	3	9	5
5	6	4	1	9	3	7	8	2
7	9	3	5	2	8	1	6	4
1	2	9	7	8	6	4	5	3
4	3	8	9	1	5	6	2	7
6	7	5	4	3	2	9	1	8

Solution Sudoku 154

4	9	7	1	5	8	3	2	6
3	2	1	9	6	7	4	5	8
5	6	8	4	3	2	7	9	1
1	7	9	5	2	4	8	6	3
6	8	5	3	7	9	1	4	2
2	4	3	8	1	6	9	7	5
9	1	2	7	8	5	6	3	4
8	5	4	6	9	3	2	1	7
7	3	6	2	4	1	5	8	9

Solution Sudoku 155

1	5	7	2	3	9	4	6	8
6	3	8	7	5	4	2	1	9
4	2	9	1	6	8	7	5	3
5	7	1	4	9	2	3	8	6
9	8	4	3	1	6	5	7	2
2	6	3	8	7	5	9	4	1
3	4	6	5	2	1	8	9	7
7	1	5	9	8	3	6	2	4
8	9	2	6	4	7	1	3	5

Solution Sudoku 156

4	1	7	5	6	2	3	9	8
9	5	3	1	8	7	2	6	4
6	2	8	3	9	4	5	1	7
3	9	6	8	4	5	7	2	1
2	8	4	7	1	6	9	5	3
1	7	5	9	2	3	4	8	6
7	3	9	6	5	1	8	4	2
8	4	1	2	3	9	6	7	5
5	6	2	4	7	8	1	3	9

Solution Sudoku 157

1	6	2	3	9	4	7	5	8
4	7	3	5	8	1	9	6	2
9	5	8	2	6	7	1	3	4
5	2	6	4	3	9	8	7	1
3	9	4	1	7	8	6	2	5
7	8	1	6	5	2	4	9	3
6	1	7	8	2	5	3	4	9
2	4	9	7	1	3	5	8	6
8	3	5	9	4	6	2	1	7

Solution Sudoku 158

5	9	2	6	4	7	1	3	8
7	8	3	1	9	2	5	4	6
4	1	6	8	3	5	9	7	2
6	2	9	4	7	1	3	8	5
1	3	4	2	5	8	6	9	7
8	7	5	3	6	9	2	1	4
3	4	8	9	2	6	7	5	1
9	6	7	5	1	4	8	2	3
2	5	1	7	8	3	4	6	9

Solution Sudoku 159

1	7	5	3	2	6	8	4	9
8	6	9	5	7	4	1	3	2
4	2	3	9	8	1	6	5	7
3	5	8	2	6	7	4	9	1
7	1	6	4	5	9	3	2	8
2	9	4	1	3	8	5	7	6
5	8	7	6	9	3	2	1	4
6	3	1	7	4	2	9	8	5
9	4	2	8	1	5	7	6	3

Solution Sudoku 160

9	2	5	8	4	6	1	3	7
6	4	1	3	2	7	8	5	9
7	3	8	9	5	1	4	6	2
1	5	4	6	7	3	9	2	8
8	6	2	4	1	9	5	7	3
3	9	7	5	8	2	6	1	4
2	8	6	7	9	5	3	4	1
4	1	3	2	6	8	7	9	5
5	7	9	1	3	4	2	8	6

Solution Sudoku 161

9	1	6	3	8	7	4	2	5
2	3	5	1	9	4	8	6	7
7	8	4	5	6	2	3	1	9
6	7	1	8	3	5	9	4	2
3	2	9	6	4	1	7	5	8
4	5	8	2	7	9	1	3	6
5	9	3	4	2	8	6	7	1
1	4	7	9	5	6	2	8	3
8	6	2	7	1	3	5	9	4

Solution Sudoku 162

3	6	8	9	5	7	2	1	4
4	1	2	6	3	8	9	5	7
7	9	5	4	2	1	8	3	6
1	3	6	5	7	9	4	2	8
8	4	9	2	1	3	7	6	5
2	5	7	8	6	4	1	9	3
6	7	1	3	4	2	5	8	9
5	8	4	1	9	6	3	7	2
9	2	3	7	8	5	6	4	1

Solution Sudoku 163

1	5	2	9	8	3	4	6	7
4	9	8	6	2	7	5	1	3
7	6	3	1	4	5	9	8	2
5	8	6	2	7	4	1	3	9
3	7	9	8	6	1	2	4	5
2	1	4	3	5	9	6	7	8
8	3	1	5	9	6	7	2	4
6	4	5	7	3	2	8	9	1
9	2	7	4	1	8	3	5	6

Solution Sudoku 164

6	5	8	2	3	1	4	7	9
7	2	9	5	4	6	3	8	1
4	3	1	7	8	9	5	2	6
9	4	2	3	5	7	6	1	8
3	8	6	1	9	2	7	4	5
1	7	5	4	6	8	9	3	2
2	1	3	9	7	5	8	6	4
8	9	4	6	1	3	2	5	7
5	6	7	8	2	4	1	9	3

Solution Sudoku 165

5	7	8	6	3	2	4	1	9
4	3	6	8	1	9	7	2	5
1	2	9	4	7	5	8	3	6
6	4	2	9	5	8	1	7	3
3	8	1	2	6	7	5	9	4
9	5	7	1	4	3	2	6	8
7	1	4	3	8	6	9	5	2
2	6	5	7	9	4	3	8	1
8	9	3	5	2	1	6	4	7

Solution Sudoku 166

2	7	6	3	5	9	8	4	1
4	9	8	7	6	1	3	5	2
1	5	3	2	4	8	7	9	6
5	8	4	9	2	7	1	6	3
9	3	2	8	1	6	4	7	5
6	1	7	5	3	4	2	8	9
3	2	9	4	8	5	6	1	7
7	4	1	6	9	3	5	2	8
8	6	5	1	7	2	9	3	4

Solution Sudoku 167

4	2	9	3	1	6	5	8	7
5	3	1	7	8	9	6	4	2
6	8	7	4	2	5	3	9	1
9	5	8	6	3	2	7	1	4
3	1	4	8	5	7	9	2	6
2	7	6	1	9	4	8	3	5
8	9	5	2	6	1	4	7	3
7	6	2	9	4	3	1	5	8
1	4	3	5	7	8	2	6	9

Solution Sudoku 168

7	6	5	1	8	4	2	3	9
3	9	8	5	2	6	4	7	1
2	4	1	7	3	9	6	5	8
8	7	9	3	4	5	1	2	6
1	3	6	2	9	7	8	4	5
4	5	2	8	6	1	3	9	7
6	1	7	4	5	2	9	8	3
9	8	4	6	7	3	5	1	2
5	2	3	9	1	8	7	6	4

Solution Sudoku 169

1	6	3	8	5	9	2	4	7
9	2	7	3	4	6	8	1	5
4	5	8	1	7	2	6	3	9
2	1	4	9	6	3	5	7	8
5	8	6	7	2	4	3	9	1
7	3	9	5	8	1	4	2	6
3	7	5	2	9	8	1	6	4
8	4	1	6	3	7	9	5	2
6	9	2	4	1	5	7	8	3

Solution Sudoku 170

6	7	3	8	1	9	2	4	5
5	9	2	4	7	3	8	1	6
8	1	4	5	6	2	7	9	3
1	2	5	6	8	7	4	3	9
3	4	8	2	9	1	6	5	7
7	6	9	3	5	4	1	8	2
2	3	7	9	4	8	5	6	1
4	5	1	7	3	6	9	2	8
9	8	6	1	2	5	3	7	4

Solution Sudoku 171

2	4	8	6	3	1	7	9	5
5	3	9	8	7	2	6	4	1
6	7	1	9	4	5	8	3	2
9	8	4	2	5	6	1	7	3
3	5	6	4	1	7	2	8	9
1	2	7	3	8	9	5	6	4
8	9	2	1	6	4	3	5	7
4	6	5	7	2	3	9	1	8
7	1	3	5	9	8	4	2	6

Solution Sudoku 172

4	1	7	8	6	2	5	3	9
8	2	5	7	9	3	1	6	4
9	3	6	1	5	4	7	8	2
3	6	9	4	1	7	2	5	8
5	4	1	9	2	8	6	7	3
7	8	2	6	3	5	4	9	1
2	7	4	5	8	9	3	1	6
6	9	3	2	7	1	8	4	5
1	5	8	3	4	6	9	2	7

Solution Sudoku 173

1	4	3	8	2	9	7	5	6
6	8	7	3	4	5	2	1	9
5	9	2	1	7	6	3	8	4
9	7	4	6	5	8	1	3	2
3	6	1	2	9	7	5	4	8
8	2	5	4	3	1	6	9	7
7	3	8	9	1	2	4	6	5
2	1	6	5	8	4	9	7	3
4	5	9	7	6	3	8	2	1

Solution Sudoku 174

3	5	4	6	9	7	8	1	2
1	2	6	4	5	8	9	7	3
8	7	9	1	3	2	6	4	5
9	6	7	2	1	3	5	8	4
4	1	5	8	7	6	3	2	9
2	3	8	9	4	5	7	6	1
7	4	3	5	6	1	2	9	8
5	8	1	7	2	9	4	3	6
6	9	2	3	8	4	1	5	7

Solution Sudoku 175

2	1	6	4	8	5	3	7	9
3	5	9	7	6	2	4	1	8
8	7	4	9	3	1	6	5	2
5	6	8	1	2	3	9	4	7
4	9	2	6	5	7	8	3	1
7	3	1	8	4	9	2	6	5
6	2	3	5	1	8	7	9	4
1	4	7	2	9	6	5	8	3
9	8	5	3	7	4	1	2	6

Solution Sudoku 176

8	1	7	9	4	6	5	2	3
4	2	6	3	5	7	8	9	1
3	9	5	8	1	2	4	7	6
5	8	9	4	7	3	6	1	2
7	6	4	1	2	8	9	3	5
2	3	1	6	9	5	7	4	8
9	4	8	5	3	1	2	6	7
1	5	2	7	6	9	3	8	4
6	7	3	2	8	4	1	5	9

Solution Sudoku 177

8	3	7	1	9	2	6	4	5
9	6	4	7	3	5	8	1	2
1	5	2	8	4	6	3	7	9
5	8	1	9	6	7	2	3	4
3	2	6	4	8	1	9	5	7
4	7	9	5	2	3	1	6	8
7	9	8	3	1	4	5	2	6
6	1	5	2	7	9	4	8	3
2	4	3	6	5	8	7	9	1

Solution Sudoku 178

6	5	4	2	7	9	3	1	8
1	7	8	4	3	6	9	5	2
2	9	3	5	1	8	7	6	4
3	2	1	7	8	4	5	9	6
4	6	7	1	9	5	2	8	3
9	8	5	6	2	3	4	7	1
7	4	2	8	5	1	6	3	9
8	3	6	9	4	7	1	2	5
5	1	9	3	6	2	8	4	7

Solution Sudoku 179

7	2	1	5	8	6	9	4	3
4	8	5	2	9	3	1	6	7
9	6	3	4	7	1	5	2	8
8	5	9	6	2	4	7	3	1
2	3	7	8	1	9	4	5	6
1	4	6	7	3	5	8	9	2
5	9	8	3	6	7	2	1	4
6	1	2	9	4	8	3	7	5
3	7	4	1	5	2	6	8	9

Solution Sudoku 180

2	3	9	8	6	7	5	1	4
4	8	5	1	9	2	6	3	7
7	1	6	3	4	5	2	8	9
5	9	3	7	8	4	1	6	2
8	7	2	6	1	9	3	4	5
1	6	4	5	2	3	9	7	8
3	5	8	9	7	6	4	2	1
9	2	1	4	3	8	7	5	6
6	4	7	2	5	1	8	9	3

Solution Sudoku 181

8	1	4	9	3	7	2	6	5
2	5	6	1	8	4	9	7	3
9	7	3	6	2	5	8	4	1
3	4	1	8	5	9	7	2	6
5	2	7	3	4	6	1	8	9
6	9	8	7	1	2	3	5	4
7	3	5	4	9	8	6	1	2
1	6	2	5	7	3	4	9	8
4	8	9	2	6	1	5	3	7

Solution Sudoku 182

6	3	7	4	5	8	1	2	9
5	1	4	6	9	2	3	8	7
2	8	9	1	3	7	6	4	5
1	6	5	2	4	9	8	7	3
4	7	8	3	6	1	5	9	2
9	2	3	8	7	5	4	1	6
3	9	6	7	1	4	2	5	8
8	5	1	9	2	3	7	6	4
7	4	2	5	8	6	9	3	1

Solution Sudoku 183

4	9	8	6	1	7	5	3	2
2	5	6	3	9	4	1	8	7
3	1	7	2	5	8	4	9	6
7	2	5	1	8	3	9	6	4
1	3	9	4	2	6	7	5	8
6	8	4	5	7	9	3	2	1
8	7	2	9	4	5	6	1	3
9	6	1	7	3	2	8	4	5
5	4	3	8	6	1	2	7	9

Solution Sudoku 184

4	3	6	5	7	1	9	8	2
8	2	1	4	6	9	3	7	5
5	7	9	3	2	8	6	1	4
9	1	8	6	4	7	2	5	3
6	5	2	8	1	3	4	9	7
3	4	7	9	5	2	8	6	1
7	8	4	1	3	6	5	2	9
1	9	3	2	8	5	7	4	6
2	6	5	7	9	4	1	3	8

Solution Sudoku 185

5	4	8	1	6	9	2	7	3
7	2	6	8	5	3	1	9	4
3	1	9	4	2	7	8	6	5
4	8	5	9	7	6	3	2	1
6	7	3	2	1	4	9	5	8
2	9	1	3	8	5	6	4	7
1	6	4	5	3	2	7	8	9
8	5	2	7	9	1	4	3	6
9	3	7	6	4	8	5	1	2

Solution Sudoku 186

1	5	6	9	7	2	3	8	4
9	2	3	4	8	5	6	7	1
4	8	7	6	3	1	5	2	9
5	1	4	2	6	9	8	3	7
8	3	2	7	5	4	9	1	6
6	7	9	3	1	8	4	5	2
7	4	1	5	9	3	2	6	8
3	9	8	1	2	6	7	4	5
2	6	5	8	4	7	1	9	3

Solution Sudoku 187

7	3	9	2	5	8	4	6	1
6	5	2	1	7	4	9	3	8
8	4	1	3	6	9	7	5	2
4	2	7	6	3	1	5	8	9
5	8	6	9	4	2	3	1	7
1	9	3	5	8	7	6	2	4
2	7	5	4	1	3	8	9	6
3	1	4	8	9	6	2	7	5
9	6	8	7	2	5	1	4	3

Solution Sudoku 188

5	8	1	2	7	3	9	6	4
9	6	3	4	8	5	7	2	1
4	2	7	9	1	6	5	3	8
1	3	6	5	2	7	8	4	9
8	4	2	3	9	1	6	5	7
7	5	9	8	6	4	2	1	3
2	1	5	7	3	9	4	8	6
3	9	4	6	5	8	1	7	2
6	7	8	1	4	2	3	9	5

Solution Sudoku 189

6	7	4	2	1	9	8	3	5
2	1	8	3	5	7	9	6	4
9	5	3	8	4	6	1	7	2
8	3	1	7	6	5	4	2	9
7	9	2	1	3	4	5	8	6
5	4	6	9	8	2	3	1	7
4	8	7	6	9	1	2	5	3
1	6	9	5	2	3	7	4	8
3	2	5	4	7	8	6	9	1

Solution Sudoku 190

1	2	5	3	4	7	8	9	6
6	4	7	8	9	1	2	5	3
3	9	8	2	5	6	4	7	1
5	1	4	9	7	2	3	6	8
9	8	2	6	3	4	5	1	7
7	3	6	5	1	8	9	4	2
8	5	9	7	6	3	1	2	4
2	6	1	4	8	5	7	3	9
4	7	3	1	2	9	6	8	5

Solution Sudoku 191

6	1	4	8	5	2	7	3	9
5	7	8	3	4	9	1	2	6
3	9	2	6	1	7	5	8	4
9	2	5	7	8	3	6	4	1
8	6	1	5	9	4	3	7	2
4	3	7	1	2	6	9	5	8
1	4	6	2	7	5	8	9	3
2	5	3	9	6	8	4	1	7
7	8	9	4	3	1	2	6	5

Solution Sudoku 192

3	9	7	4	5	6	2	1	8
8	6	2	3	7	1	5	9	4
5	1	4	8	9	2	7	6	3
4	8	6	5	1	3	9	7	2
9	7	5	6	2	8	3	4	1
2	3	1	9	4	7	6	8	5
6	5	8	7	3	4	1	2	9
1	4	3	2	6	9	8	5	7
7	2	9	1	8	5	4	3	6

Solution Sudoku 193

7	4	1	9	6	5	3	8	2
8	6	9	1	2	3	7	4	5
2	5	3	7	4	8	6	9	1
6	1	8	2	7	9	4	5	3
5	9	2	4	3	1	8	6	7
4	3	7	8	5	6	1	2	9
9	8	6	3	1	2	5	7	4
3	2	4	5	8	7	9	1	6
1	7	5	6	9	4	2	3	8

Solution Sudoku 194

7	2	4	3	8	1	5	6	9
9	5	8	2	4	6	3	7	1
1	3	6	9	5	7	4	2	8
8	6	2	7	1	4	9	5	3
5	1	3	8	2	9	7	4	6
4	9	7	6	3	5	1	8	2
2	4	1	5	9	8	6	3	7
6	8	5	1	7	3	2	9	4
3	7	9	4	6	2	8	1	5

Solution Sudoku 195

9	7	1	3	2	5	8	6	4
8	4	5	7	1	6	2	9	3
3	6	2	4	8	9	1	5	7
4	1	9	2	5	3	7	8	6
7	5	3	9	6	8	4	1	2
6	2	8	1	4	7	5	3	9
5	9	6	8	7	4	3	2	1
1	3	4	5	9	2	6	7	8
2	8	7	6	3	1	9	4	5

Solution Sudoku 196

5	6	1	2	7	4	8	3	9
3	7	9	6	8	5	4	1	2
2	4	8	3	1	9	6	5	7
9	3	6	7	2	8	1	4	5
8	2	7	5	4	1	9	6	3
1	5	4	9	3	6	7	2	8
7	9	2	4	6	3	5	8	1
4	1	3	8	5	7	2	9	6
6	8	5	1	9	2	3	7	4

Solution Sudoku 197

1	3	6	9	2	7	4	8	5
2	4	5	8	3	1	9	6	7
8	9	7	4	5	6	3	2	1
7	1	9	3	8	5	6	4	2
6	8	4	2	7	9	5	1	3
3	5	2	6	1	4	8	7	9
5	7	3	1	6	8	2	9	4
9	6	1	5	4	2	7	3	8
4	2	8	7	9	3	1	5	6

Solution Sudoku 198

5	1	7	2	6	9	4	3	8
6	8	2	3	7	4	9	5	1
4	3	9	1	5	8	6	7	2
8	4	3	5	9	1	7	2	6
7	5	6	8	2	3	1	4	9
2	9	1	7	4	6	3	8	5
1	6	5	4	8	7	2	9	3
9	2	4	6	3	5	8	1	7
3	7	8	9	1	2	5	6	4

Solution Sudoku 199

8	5	7	9	3	1	2	6	4
9	4	2	6	8	7	1	3	5
6	3	1	4	2	5	8	9	7
1	6	4	8	7	9	5	2	3
7	8	5	2	6	3	9	4	1
3	2	9	5	1	4	6	7	8
2	1	3	7	9	8	4	5	6
4	9	8	3	5	6	7	1	2
5	7	6	1	4	2	3	8	9

Solution Sudoku 200

5	3	7	2	6	8	1	9	4
6	2	1	4	5	9	8	3	7
4	9	8	1	3	7	2	5	6
8	6	9	3	4	2	7	1	5
1	4	3	7	9	5	6	2	8
2	7	5	6	8	1	9	4	3
7	8	4	9	2	3	5	6	1
3	5	2	8	1	6	4	7	9
9	1	6	5	7	4	3	8	2

Solution Sudoku 201

5	4	7	6	2	9	3	1	8
8	6	1	3	5	4	7	2	9
2	3	9	7	8	1	5	4	6
6	7	8	4	9	3	2	5	1
4	1	5	2	7	8	6	9	3
9	2	3	1	6	5	4	8	7
1	8	6	5	4	7	9	3	2
7	9	4	8	3	2	1	6	5
3	5	2	9	1	6	8	7	4

Solution Sudoku 202

4	2	5	9	7	1	3	6	8
1	6	9	8	2	3	7	4	5
3	8	7	5	4	6	1	9	2
9	7	1	4	6	8	2	5	3
5	3	6	7	1	2	4	8	9
2	4	8	3	5	9	6	7	1
8	9	4	2	3	7	5	1	6
7	1	3	6	8	5	9	2	4
6	5	2	1	9	4	8	3	7

Solution Sudoku 203

6	9	4	8	7	2	3	5	1
3	8	2	1	4	5	6	7	9
5	7	1	6	9	3	4	2	8
7	3	6	5	8	1	2	9	4
1	4	5	3	2	9	7	8	6
8	2	9	4	6	7	1	3	5
4	1	7	9	3	8	5	6	2
2	5	8	7	1	6	9	4	3
9	6	3	2	5	4	8	1	7

Solution Sudoku 204

1	8	7	6	4	2	5	9	3
6	4	3	5	1	9	8	2	7
5	9	2	8	7	3	6	1	4
8	7	6	1	3	4	9	5	2
4	2	5	9	6	7	1	3	8
3	1	9	2	5	8	4	7	6
2	6	4	3	9	1	7	8	5
9	5	8	7	2	6	3	4	1
7	3	1	4	8	5	2	6	9

Solution Sudoku 205

6	9	8	3	4	1	2	7	5
5	7	2	9	6	8	3	1	4
1	3	4	5	7	2	9	8	6
9	4	6	2	1	7	5	3	8
8	5	7	4	3	6	1	9	2
2	1	3	8	5	9	6	4	7
3	8	9	6	2	4	7	5	1
7	2	5	1	8	3	4	6	9
4	6	1	7	9	5	8	2	3

Solution Sudoku 206

8	5	6	2	3	7	9	4	1
4	2	3	9	6	1	5	7	8
1	9	7	5	8	4	3	6	2
7	6	1	3	5	9	8	2	4
5	8	2	4	7	6	1	9	3
9	3	4	8	1	2	7	5	6
2	7	5	1	4	8	6	3	9
3	1	9	6	2	5	4	8	7
6	4	8	7	9	3	2	1	5

Solution Sudoku 207

7	4	8	1	6	3	5	9	2
9	1	6	2	8	5	3	4	7
5	2	3	9	4	7	6	1	8
6	7	1	3	5	4	2	8	9
4	5	2	7	9	8	1	3	6
8	3	9	6	2	1	4	7	5
1	8	4	5	7	6	9	2	3
2	6	7	4	3	9	8	5	1
3	9	5	8	1	2	7	6	4

Solution Sudoku 208

3	9	2	1	5	4	8	6	7
4	1	7	6	8	2	5	3	9
5	8	6	3	9	7	2	1	4
8	4	1	7	2	5	6	9	3
2	6	9	8	3	1	4	7	5
7	3	5	9	4	6	1	2	8
1	2	8	4	7	3	9	5	6
6	7	4	5	1	9	3	8	2
9	5	3	2	6	8	7	4	1

Solution Sudoku 209

5	7	9	8	3	1	2	4	6
4	6	1	9	2	5	3	8	7
2	8	3	4	7	6	9	5	1
1	3	6	5	8	7	4	9	2
8	2	7	1	9	4	6	3	5
9	5	4	3	6	2	1	7	8
3	1	5	2	4	8	7	6	9
6	4	8	7	1	9	5	2	3
7	9	2	6	5	3	8	1	4

Solution Sudoku 210

3	1	4	7	9	2	6	5	8
5	2	8	3	4	6	7	1	9
6	9	7	8	1	5	4	2	3
8	5	1	6	7	3	9	4	2
2	7	6	4	8	9	5	3	1
4	3	9	2	5	1	8	6	7
9	4	3	1	6	7	2	8	5
7	6	2	5	3	8	1	9	4
1	8	5	9	2	4	3	7	6

Solution Sudoku 211

1	5	9	2	3	6	7	4	8
3	4	7	8	5	1	2	9	6
8	6	2	9	7	4	1	5	3
2	3	1	4	8	7	9	6	5
7	9	4	6	2	5	3	8	1
5	8	6	3	1	9	4	2	7
9	2	3	7	6	8	5	1	4
4	1	8	5	9	3	6	7	2
6	7	5	1	4	2	8	3	9

Solution Sudoku 212

8	5	1	7	2	3	6	4	9
7	2	6	5	9	4	8	3	1
3	4	9	1	6	8	7	5	2
9	1	4	8	7	5	2	6	3
6	3	8	2	4	1	9	7	5
2	7	5	9	3	6	1	8	4
4	9	3	6	8	2	5	1	7
5	8	2	3	1	7	4	9	6
1	6	7	4	5	9	3	2	8

Solution Sudoku 213

8	1	4	3	9	6	2	7	5
7	6	3	2	5	8	4	1	9
2	9	5	4	7	1	3	8	6
1	7	6	8	2	9	5	3	4
4	5	9	6	3	7	8	2	1
3	2	8	1	4	5	6	9	7
5	3	1	9	6	2	7	4	8
9	4	7	5	8	3	1	6	2
6	8	2	7	1	4	9	5	3

Solution Sudoku 214

6	2	7	9	1	8	3	5	4
5	9	1	3	2	4	8	7	6
3	8	4	5	6	7	1	9	2
4	5	6	7	3	9	2	8	1
2	3	9	8	5	1	6	4	7
7	1	8	2	4	6	9	3	5
9	6	5	4	8	2	7	1	3
8	4	2	1	7	3	5	6	9
1	7	3	6	9	5	4	2	8

Solution Sudoku 215

1	5	7	9	6	4	2	8	3
2	6	4	7	8	3	9	1	5
8	3	9	1	5	2	4	6	7
9	2	8	6	7	5	3	4	1
3	1	6	4	9	8	7	5	2
7	4	5	3	2	1	8	9	6
5	9	3	2	4	6	1	7	8
6	7	1	8	3	9	5	2	4
4	8	2	5	1	7	6	3	9

Solution Sudoku 216

6	7	4	5	8	1	9	2	3
8	3	1	6	2	9	7	5	4
5	2	9	7	4	3	6	1	8
9	1	8	3	7	5	2	4	6
7	5	2	9	6	4	8	3	1
3	4	6	2	1	8	5	9	7
4	9	3	8	5	6	1	7	2
2	8	5	1	3	7	4	6	9
1	6	7	4	9	2	3	8	5

Solution Sudoku 217

5	8	4	6	3	9	2	7	1
7	1	9	4	5	2	8	3	6
2	6	3	7	8	1	5	4	9
8	7	1	5	9	4	3	6	2
9	2	6	8	1	3	7	5	4
3	4	5	2	7	6	1	9	8
4	3	8	1	6	5	9	2	7
1	5	2	9	4	7	6	8	3
6	9	7	3	2	8	4	1	5

Solution Sudoku 218

7	5	9	3	8	4	6	1	2
8	3	6	9	1	2	5	4	7
1	2	4	7	5	6	8	9	3
3	4	8	1	2	7	9	6	5
5	9	2	8	6	3	4	7	1
6	1	7	4	9	5	2	3	8
9	6	3	2	7	8	1	5	4
2	7	5	6	4	1	3	8	9
4	8	1	5	3	9	7	2	6

Solution Sudoku 219

3	5	1	8	7	6	2	4	9
2	4	8	1	3	9	7	6	5
9	7	6	2	5	4	8	3	1
4	6	9	7	1	5	3	2	8
7	1	2	9	8	3	6	5	4
5	8	3	6	4	2	1	9	7
6	2	7	4	9	1	5	8	3
1	3	4	5	6	8	9	7	2
8	9	5	3	2	7	4	1	6

Solution Sudoku 220

9	1	7	3	4	2	6	5	8
5	2	3	1	6	8	4	9	7
4	8	6	9	7	5	1	3	2
3	6	8	2	9	4	5	7	1
7	5	2	6	3	1	9	8	4
1	9	4	5	8	7	2	6	3
2	7	1	8	5	6	3	4	9
8	3	5	4	2	9	7	1	6
6	4	9	7	1	3	8	2	5

Solution Sudoku 221

3	9	5	2	8	6	1	7	4
8	7	4	1	9	5	6	2	3
6	1	2	7	3	4	8	5	9
2	8	1	4	7	9	3	6	5
9	3	6	5	1	8	2	4	7
4	5	7	6	2	3	9	8	1
1	4	3	8	5	2	7	9	6
7	6	8	9	4	1	5	3	2
5	2	9	3	6	7	4	1	8

Solution Sudoku 222

3	2	8	4	9	1	5	6	7
1	9	6	5	8	7	4	3	2
4	5	7	6	3	2	1	9	8
5	7	2	3	1	6	8	4	9
9	1	3	8	5	4	2	7	6
8	6	4	2	7	9	3	5	1
2	3	9	1	6	5	7	8	4
7	4	5	9	2	8	6	1	3
6	8	1	7	4	3	9	2	5

Solution Sudoku 223

5	9	4	2	6	8	3	1	7
8	7	6	1	3	5	9	4	2
2	3	1	4	7	9	6	5	8
7	8	5	6	4	1	2	3	9
3	6	9	5	2	7	4	8	1
4	1	2	9	8	3	5	7	6
1	2	3	7	9	4	8	6	5
6	5	8	3	1	2	7	9	4
9	4	7	8	5	6	1	2	3

Solution Sudoku 224

9	6	2	3	5	8	1	7	4
1	5	4	2	7	9	3	6	8
7	3	8	4	1	6	9	5	2
3	2	7	1	6	5	8	4	9
6	8	1	7	9	4	5	2	3
4	9	5	8	2	3	6	1	7
5	4	3	6	8	2	7	9	1
8	7	6	9	4	1	2	3	5
2	1	9	5	3	7	4	8	6

Solution Sudoku 225

1	6	2	7	9	3	5	4	8
7	4	9	5	8	6	2	1	3
3	8	5	4	2	1	6	7	9
5	3	6	9	7	4	8	2	1
4	2	1	6	5	8	3	9	7
9	7	8	3	1	2	4	5	6
2	5	7	8	6	9	1	3	4
8	1	4	2	3	7	9	6	5
6	9	3	1	4	5	7	8	2

Solution Sudoku 226

4	9	6	1	5	3	8	7	2
1	8	2	9	6	7	3	5	4
3	5	7	8	2	4	6	9	1
8	7	4	5	3	9	2	1	6
9	2	1	4	8	6	5	3	7
5	6	3	7	1	2	4	8	9
6	1	9	3	4	8	7	2	5
7	4	8	2	9	5	1	6	3
2	3	5	6	7	1	9	4	8

Solution Sudoku 227

7	4	2	1	8	5	3	6	9
6	5	9	4	2	3	7	8	1
8	1	3	6	7	9	4	2	5
9	3	8	7	1	6	5	4	2
4	2	5	3	9	8	1	7	6
1	7	6	5	4	2	8	9	3
2	6	4	8	3	1	9	5	7
3	9	7	2	5	4	6	1	8
5	8	1	9	6	7	2	3	4

Solution Sudoku 228

8	3	2	7	4	6	5	1	9
1	9	5	8	2	3	6	7	4
7	4	6	5	1	9	3	8	2
9	2	3	6	5	1	7	4	8
6	8	4	3	9	7	2	5	1
5	1	7	4	8	2	9	3	6
4	7	9	1	6	5	8	2	3
2	5	8	9	3	4	1	6	7
3	6	1	2	7	8	4	9	5

Solution Sudoku 229

2	7	4	3	5	1	8	6	9
3	9	1	7	6	8	4	5	2
8	5	6	9	2	4	3	7	1
7	4	8	6	1	9	5	2	3
5	6	9	2	8	3	7	1	4
1	3	2	5	4	7	6	9	8
9	8	5	1	3	6	2	4	7
6	1	3	4	7	2	9	8	5
4	2	7	8	9	5	1	3	6

Solution Sudoku 230

6	3	4	8	1	9	2	7	5
7	1	2	3	4	5	6	8	9
8	9	5	7	2	6	4	3	1
3	5	9	4	6	8	7	1	2
1	7	8	5	9	2	3	4	6
2	4	6	1	7	3	9	5	8
9	8	3	2	5	7	1	6	4
4	2	7	6	8	1	5	9	3
5	6	1	9	3	4	8	2	7

Solution Sudoku 231

8	9	7	6	5	3	4	2	1
6	1	3	4	8	2	9	7	5
4	5	2	1	7	9	6	3	8
7	4	1	9	6	5	3	8	2
5	6	9	2	3	8	7	1	4
2	3	8	7	4	1	5	9	6
9	2	5	3	1	6	8	4	7
3	7	6	8	2	4	1	5	9
1	8	4	5	9	7	2	6	3

Solution Sudoku 232

4	3	8	1	9	6	5	2	7
1	9	7	5	3	2	8	6	4
6	2	5	4	7	8	3	1	9
5	6	3	2	8	4	7	9	1
2	1	9	7	5	3	6	4	8
7	8	4	9	6	1	2	3	5
9	5	6	3	4	7	1	8	2
3	7	1	8	2	9	4	5	6
8	4	2	6	1	5	9	7	3

Solution Sudoku 233

5	8	7	9	1	4	6	2	3
9	2	4	3	6	7	5	8	1
1	3	6	5	2	8	4	9	7
2	6	1	4	9	3	7	5	8
4	5	8	1	7	2	9	3	6
3	7	9	6	8	5	1	4	2
7	1	2	8	4	9	3	6	5
6	9	5	2	3	1	8	7	4
8	4	3	7	5	6	2	1	9

Solution Sudoku 234

3	4	6	7	5	8	2	1	9
2	1	8	3	9	4	6	5	7
9	7	5	1	6	2	4	8	3
7	6	3	4	2	5	1	9	8
1	9	2	8	7	3	5	6	4
5	8	4	6	1	9	3	7	2
4	2	7	5	8	1	9	3	6
6	3	1	9	4	7	8	2	5
8	5	9	2	3	6	7	4	1

Solution Sudoku 235

4	2	7	5	9	6	8	1	3
5	6	1	3	8	2	4	7	9
3	8	9	4	1	7	6	2	5
9	3	6	8	7	5	1	4	2
7	4	2	9	3	1	5	6	8
1	5	8	6	2	4	3	9	7
8	7	5	1	6	9	2	3	4
6	9	4	2	5	3	7	8	1
2	1	3	7	4	8	9	5	6

Solution Sudoku 236

9	5	3	4	6	7	8	1	2
8	4	7	2	3	1	5	6	9
6	1	2	9	8	5	7	4	3
4	3	9	7	1	6	2	8	5
7	6	5	8	2	4	3	9	1
1	2	8	3	5	9	6	7	4
2	7	4	6	9	3	1	5	8
5	8	6	1	4	2	9	3	7
3	9	1	5	7	8	4	2	6

Solution Sudoku 237

6	8	5	7	1	4	9	2	3
4	9	1	2	3	8	6	5	7
2	7	3	5	6	9	1	8	4
5	2	4	8	9	7	3	6	1
1	6	7	4	5	3	8	9	2
8	3	9	6	2	1	7	4	5
7	5	8	3	4	6	2	1	9
3	1	2	9	8	5	4	7	6
9	4	6	1	7	2	5	3	8

Solution Sudoku 238

9	5	7	6	1	3	4	8	2
6	8	3	4	5	2	9	1	7
2	4	1	8	7	9	5	3	6
8	1	9	2	6	5	3	7	4
3	6	5	9	4	7	8	2	1
4	7	2	3	8	1	6	9	5
1	3	4	7	9	6	2	5	8
7	2	8	5	3	4	1	6	9
5	9	6	1	2	8	7	4	3

Solution Sudoku 239

2	3	7	6	8	1	5	9	4
1	8	5	9	4	2	3	6	7
4	6	9	7	3	5	8	2	1
9	4	6	8	2	3	1	7	5
8	7	1	5	9	6	4	3	2
3	5	2	4	1	7	9	8	6
6	1	4	3	7	8	2	5	9
7	9	8	2	5	4	6	1	3
5	2	3	1	6	9	7	4	8

Solution Sudoku 240

6	7	2	5	4	8	1	3	9
9	4	5	3	1	6	8	7	2
8	1	3	9	7	2	5	6	4
3	8	9	2	6	1	4	5	7
7	6	1	4	5	3	9	2	8
2	5	4	8	9	7	6	1	3
5	9	6	7	3	4	2	8	1
4	3	8	1	2	5	7	9	6
1	2	7	6	8	9	3	4	5

Solution Sudoku 241

9	5	4	6	7	1	3	8	2
6	3	8	4	5	2	7	9	1
1	2	7	9	3	8	4	5	6
3	4	9	2	6	7	8	1	5
7	8	2	1	9	5	6	4	3
5	1	6	3	8	4	9	2	7
4	6	3	5	2	9	1	7	8
8	9	5	7	1	6	2	3	4
2	7	1	8	4	3	5	6	9

Solution Sudoku 242

6	9	8	1	3	2	4	5	7
2	3	4	8	5	7	9	1	6
5	7	1	4	9	6	8	3	2
7	8	5	3	1	9	6	2	4
9	1	6	2	4	5	3	7	8
4	2	3	7	6	8	5	9	1
8	5	7	6	2	3	1	4	9
1	6	9	5	7	4	2	8	3
3	4	2	9	8	1	7	6	5

Solution Sudoku 243

5	8	3	4	1	2	7	9	6
6	2	1	9	3	7	8	4	5
7	4	9	6	5	8	1	2	3
9	3	2	8	4	5	6	7	1
1	6	5	7	2	3	4	8	9
8	7	4	1	6	9	3	5	2
4	1	8	2	9	6	5	3	7
3	9	6	5	7	4	2	1	8
2	5	7	3	8	1	9	6	4

Solution Sudoku 244

7	5	1	8	3	9	6	4	2
2	9	3	1	6	4	7	5	8
8	6	4	5	7	2	1	3	9
6	1	2	4	8	3	9	7	5
5	3	7	9	1	6	2	8	4
4	8	9	2	5	7	3	6	1
9	4	6	7	2	5	8	1	3
3	2	8	6	4	1	5	9	7
1	7	5	3	9	8	4	2	6

Solution Sudoku 245

9	2	3	4	7	6	1	5	8
4	5	7	2	1	8	6	3	9
8	1	6	5	9	3	7	2	4
1	7	4	6	8	5	2	9	3
3	9	8	1	2	7	5	4	6
2	6	5	9	3	4	8	1	7
5	4	9	8	6	2	3	7	1
7	8	2	3	4	1	9	6	5
6	3	1	7	5	9	4	8	2

Solution Sudoku 246

5	9	2	6	3	1	7	8	4
6	3	7	8	2	4	5	1	9
8	1	4	7	9	5	3	2	6
2	8	6	1	5	9	4	7	3
4	7	3	2	8	6	1	9	5
1	5	9	3	4	7	2	6	8
7	6	5	4	1	8	9	3	2
9	2	8	5	7	3	6	4	1
3	4	1	9	6	2	8	5	7

Solution Sudoku 247

4	7	5	3	8	9	2	1	6
8	9	2	4	1	6	3	5	7
3	6	1	7	5	2	8	4	9
1	3	8	6	4	5	9	7	2
2	5	9	8	7	1	6	3	4
6	4	7	2	9	3	1	8	5
9	2	4	5	3	8	7	6	1
5	8	6	1	2	7	4	9	3
7	1	3	9	6	4	5	2	8

Solution Sudoku 248

1	4	3	8	6	2	9	7	5
2	6	9	1	5	7	4	3	8
7	5	8	4	3	9	6	1	2
8	3	2	7	4	5	1	6	9
5	7	1	6	9	8	2	4	3
4	9	6	2	1	3	5	8	7
3	2	4	9	7	6	8	5	1
6	8	7	5	2	1	3	9	4
9	1	5	3	8	4	7	2	6

Solution Sudoku 249

1	4	6	5	3	9	8	7	2
2	9	8	1	4	7	3	5	6
7	5	3	6	8	2	1	4	9
4	1	5	2	9	8	7	6	3
9	3	2	4	7	6	5	1	8
6	8	7	3	1	5	9	2	4
5	7	9	8	2	4	6	3	1
3	6	4	9	5	1	2	8	7
8	2	1	7	6	3	4	9	5

Solution Sudoku 250

7	3	4	9	1	5	2	6	8
8	6	1	7	4	2	5	3	9
9	2	5	3	8	6	7	4	1
3	5	9	1	7	4	6	8	2
2	8	7	5	6	3	1	9	4
1	4	6	8	2	9	3	7	5
6	9	2	4	3	1	8	5	7
5	1	8	6	9	7	4	2	3
4	7	3	2	5	8	9	1	6

Solution Sudoku 251

6	5	1	3	2	9	7	8	4
3	7	8	1	5	4	9	2	6
4	2	9	8	7	6	1	3	5
8	6	5	4	9	3	2	7	1
2	4	7	5	1	8	6	9	3
1	9	3	7	6	2	4	5	8
9	3	2	6	8	1	5	4	7
7	8	6	2	4	5	3	1	9
5	1	4	9	3	7	8	6	2

Solution Sudoku 252

7	2	6	3	5	1	8	4	9
9	8	3	4	7	6	5	1	2
4	1	5	2	9	8	3	6	7
8	6	2	7	1	9	4	3	5
1	3	4	5	8	2	7	9	6
5	7	9	6	4	3	1	2	8
3	9	8	1	6	5	2	7	4
6	4	1	8	2	7	9	5	3
2	5	7	9	3	4	6	8	1

Solution Sudoku 253

9	8	7	6	1	3	4	5	2
2	1	4	7	5	8	6	9	3
5	6	3	4	2	9	1	8	7
4	5	2	9	3	1	8	7	6
6	3	9	2	8	7	5	1	4
8	7	1	5	4	6	3	2	9
7	4	5	8	6	2	9	3	1
1	9	6	3	7	5	2	4	8
3	2	8	1	9	4	7	6	5

Solution Sudoku 254

5	7	8	4	1	2	6	3	9
3	2	4	9	5	6	7	1	8
1	9	6	7	3	8	4	2	5
9	3	1	5	6	7	8	4	2
6	8	5	2	4	3	1	9	7
7	4	2	1	8	9	5	6	3
4	5	7	3	9	1	2	8	6
8	1	3	6	2	5	9	7	4
2	6	9	8	7	4	3	5	1

Solution Sudoku 255

1	5	2	9	8	6	4	3	7
8	6	3	4	7	1	2	9	5
7	9	4	3	5	2	6	1	8
2	3	1	8	4	9	5	7	6
6	4	8	5	1	7	3	2	9
5	7	9	6	2	3	8	4	1
4	2	6	7	9	8	1	5	3
9	8	5	1	3	4	7	6	2
3	1	7	2	6	5	9	8	4

Solution Sudoku 256

5	4	2	3	1	6	7	8	9
8	6	9	5	7	4	3	2	1
1	7	3	8	9	2	5	4	6
4	2	7	1	6	8	9	5	3
9	1	8	2	5	3	6	7	4
6	3	5	7	4	9	2	1	8
2	9	1	4	3	5	8	6	7
3	8	4	6	2	7	1	9	5
7	5	6	9	8	1	4	3	2

Solution Sudoku 257

4	6	8	2	7	3	1	9	5
2	1	3	6	9	5	7	4	8
5	7	9	1	4	8	3	6	2
7	3	5	4	6	9	2	8	1
9	8	2	3	1	7	4	5	6
1	4	6	5	8	2	9	3	7
3	2	4	7	5	6	8	1	9
8	5	7	9	3	1	6	2	4
6	9	1	8	2	4	5	7	3

Solution Sudoku 258

1	9	5	3	7	8	4	6	2
2	7	8	6	4	1	9	3	5
6	3	4	5	2	9	7	1	8
4	8	7	9	1	2	6	5	3
9	6	1	8	3	5	2	7	4
5	2	3	7	6	4	8	9	1
8	5	2	1	9	7	3	4	6
3	1	9	4	8	6	5	2	7
7	4	6	2	5	3	1	8	9

Solution Sudoku 259

2	1	5	4	7	6	8	9	3
6	4	8	3	9	2	5	1	7
3	7	9	5	8	1	2	4	6
8	6	4	9	3	5	7	2	1
9	5	1	2	6	7	4	3	8
7	3	2	8	1	4	6	5	9
4	8	3	6	5	9	1	7	2
1	2	6	7	4	3	9	8	5
5	9	7	1	2	8	3	6	4

Solution Sudoku 260

1	7	8	4	6	2	9	3	5
6	3	9	7	8	5	2	4	1
2	5	4	1	9	3	7	6	8
3	4	1	8	5	7	6	2	9
5	2	7	6	1	9	4	8	3
9	8	6	3	2	4	1	5	7
4	1	2	9	3	8	5	7	6
8	9	5	2	7	6	3	1	4
7	6	3	5	4	1	8	9	2

Solution Sudoku 261

6	7	9	8	3	4	2	1	5
5	2	4	6	9	1	3	7	8
1	8	3	7	5	2	9	6	4
3	9	6	1	4	7	8	5	2
8	1	5	9	2	3	6	4	7
2	4	7	5	6	8	1	3	9
7	3	1	2	8	5	4	9	6
9	5	8	4	1	6	7	2	3
4	6	2	3	7	9	5	8	1

Solution Sudoku 262

6	4	1	3	2	8	7	5	9
5	7	2	1	9	6	4	8	3
8	9	3	4	5	7	1	6	2
2	5	9	6	8	1	3	4	7
4	3	8	5	7	9	2	1	6
7	1	6	2	3	4	8	9	5
9	2	7	8	1	5	6	3	4
3	8	4	9	6	2	5	7	1
1	6	5	7	4	3	9	2	8

Solution Sudoku 263

7	4	3	5	6	1	2	9	8
1	6	2	9	8	4	3	7	5
8	9	5	7	3	2	6	4	1
4	1	8	6	7	3	5	2	9
2	5	7	1	9	8	4	3	6
9	3	6	2	4	5	1	8	7
5	7	1	3	2	9	8	6	4
3	8	9	4	1	6	7	5	2
6	2	4	8	5	7	9	1	3

Solution Sudoku 264

7	8	4	9	5	3	6	1	2
3	9	1	6	2	7	4	5	8
5	2	6	1	4	8	7	9	3
8	6	5	3	9	2	1	4	7
2	4	3	5	7	1	8	6	9
9	1	7	4	8	6	2	3	5
6	5	8	2	3	4	9	7	1
1	7	9	8	6	5	3	2	4
4	3	2	7	1	9	5	8	6

Solution Sudoku 265

9	3	8	6	4	7	1	5	2
2	4	6	3	5	1	9	7	8
1	7	5	9	2	8	4	6	3
4	8	1	7	9	6	2	3	5
7	6	2	1	3	5	8	9	4
3	5	9	4	8	2	6	1	7
5	1	3	8	6	4	7	2	9
6	2	4	5	7	9	3	8	1
8	9	7	2	1	3	5	4	6

Solution Sudoku 266

2	7	3	9	4	5	1	8	6
6	8	9	2	7	1	4	5	3
5	1	4	8	3	6	2	9	7
9	2	7	6	1	8	3	4	5
1	4	5	3	2	7	9	6	8
3	6	8	5	9	4	7	1	2
4	5	1	7	8	2	6	3	9
8	9	2	4	6	3	5	7	1
7	3	6	1	5	9	8	2	4

Solution Sudoku 267

3	2	7	8	5	4	1	6	9
6	9	4	2	7	1	8	3	5
8	1	5	9	3	6	2	7	4
5	3	8	1	4	2	7	9	6
7	4	1	6	9	5	3	2	8
9	6	2	3	8	7	5	4	1
4	7	3	5	1	9	6	8	2
1	8	6	4	2	3	9	5	7
2	5	9	7	6	8	4	1	3

Solution Sudoku 268

3	4	6	8	2	5	9	1	7
9	7	8	3	1	4	5	6	2
1	5	2	6	9	7	4	3	8
8	9	4	1	6	3	7	2	5
5	1	7	4	8	2	6	9	3
6	2	3	5	7	9	1	8	4
4	6	1	2	5	8	3	7	9
7	8	5	9	3	6	2	4	1
2	3	9	7	4	1	8	5	6

Solution Sudoku 269

5	8	4	2	3	1	9	6	7
7	9	1	5	6	8	4	2	3
3	6	2	7	9	4	1	8	5
9	1	5	4	2	3	8	7	6
4	2	8	9	7	6	3	5	1
6	3	7	8	1	5	2	9	4
2	4	9	3	5	7	6	1	8
1	7	3	6	8	2	5	4	9
8	5	6	1	4	9	7	3	2

Solution Sudoku 270

6	5	1	8	3	9	4	2	7
8	3	4	2	5	7	9	6	1
9	7	2	6	4	1	8	5	3
4	9	3	7	2	5	1	8	6
1	6	5	4	8	3	2	7	9
2	8	7	1	9	6	5	3	4
3	2	8	9	7	4	6	1	5
5	1	9	3	6	2	7	4	8
7	4	6	5	1	8	3	9	2

Solution Sudoku 271

8	4	5	1	7	9	3	2	6
2	3	9	8	5	6	7	1	4
7	6	1	2	3	4	9	5	8
5	9	2	4	8	1	6	7	3
3	8	7	6	9	5	1	4	2
6	1	4	7	2	3	8	9	5
1	7	8	3	4	2	5	6	9
4	5	3	9	6	7	2	8	1
9	2	6	5	1	8	4	3	7

Solution Sudoku 272

4	6	7	1	9	3	8	2	5
5	3	8	6	2	4	7	9	1
1	9	2	7	8	5	3	6	4
9	7	5	2	4	8	1	3	6
2	8	1	3	6	9	4	5	7
6	4	3	5	1	7	9	8	2
7	2	6	8	3	1	5	4	9
3	5	9	4	7	6	2	1	8
8	1	4	9	5	2	6	7	3

Solution Sudoku 273

2	1	5	7	4	6	3	9	8
8	9	4	3	1	2	7	5	6
7	3	6	5	9	8	4	1	2
1	8	9	4	6	7	5	2	3
3	4	2	1	8	5	6	7	9
6	5	7	2	3	9	8	4	1
5	6	8	9	7	1	2	3	4
9	2	3	6	5	4	1	8	7
4	7	1	8	2	3	9	6	5

Solution Sudoku 274

1	6	7	4	2	8	5	9	3
2	3	5	9	7	1	6	8	4
8	4	9	6	5	3	1	2	7
7	9	6	2	1	4	3	5	8
5	1	3	8	6	7	2	4	9
4	2	8	3	9	5	7	1	6
3	5	4	7	8	2	9	6	1
6	8	2	1	3	9	4	7	5
9	7	1	5	4	6	8	3	2

Solution Sudoku 275

9	4	8	3	2	5	7	1	6
3	2	7	4	6	1	9	5	8
6	1	5	7	8	9	4	3	2
4	5	9	8	1	7	2	6	3
7	6	3	5	9	2	8	4	1
1	8	2	6	4	3	5	7	9
8	3	6	9	5	4	1	2	7
2	9	4	1	7	6	3	8	5
5	7	1	2	3	8	6	9	4

Solution Sudoku 276

2	7	8	1	6	5	3	4	9
4	1	3	9	2	7	8	6	5
6	5	9	4	3	8	7	1	2
9	4	7	8	5	2	6	3	1
5	2	6	3	4	1	9	7	8
3	8	1	7	9	6	5	2	4
8	6	4	5	1	3	2	9	7
7	9	2	6	8	4	1	5	3
1	3	5	2	7	9	4	8	6

Solution Sudoku 277

9	4	1	3	7	8	5	6	2
5	3	6	9	4	2	7	1	8
2	8	7	6	5	1	9	4	3
3	7	9	8	1	5	6	2	4
6	2	8	4	3	9	1	7	5
4	1	5	2	6	7	3	8	9
1	6	4	5	8	3	2	9	7
8	5	2	7	9	6	4	3	1
7	9	3	1	2	4	8	5	6

Solution Sudoku 278

1	3	5	7	4	8	9	6	2
7	8	6	9	5	2	3	1	4
4	9	2	1	3	6	7	5	8
8	1	9	6	2	4	5	3	7
6	5	7	8	1	3	2	4	9
3	2	4	5	7	9	1	8	6
2	7	8	3	6	1	4	9	5
9	4	3	2	8	5	6	7	1
5	6	1	4	9	7	8	2	3

Solution Sudoku 279

7	9	6	1	5	4	2	8	3
1	3	8	9	7	2	4	5	6
5	2	4	6	8	3	7	1	9
8	1	5	7	4	6	3	9	2
9	4	3	2	1	8	5	6	7
6	7	2	3	9	5	1	4	8
2	6	9	5	3	1	8	7	4
4	5	7	8	2	9	6	3	1
3	8	1	4	6	7	9	2	5

Solution Sudoku 280

8	4	1	9	6	7	2	3	5
2	7	3	5	4	8	9	1	6
5	6	9	1	2	3	7	8	4
3	1	2	4	8	9	5	6	7
9	5	6	3	7	1	4	2	8
7	8	4	2	5	6	1	9	3
1	9	8	7	3	5	6	4	2
6	2	5	8	9	4	3	7	1
4	3	7	6	1	2	8	5	9

Solution Sudoku 281

2	9	1	6	8	5	3	4	7
5	8	7	4	3	2	1	6	9
6	3	4	7	9	1	5	8	2
9	5	3	8	4	7	6	2	1
4	6	2	3	1	9	7	5	8
1	7	8	5	2	6	4	9	3
3	1	6	9	5	8	2	7	4
7	4	9	2	6	3	8	1	5
8	2	5	1	7	4	9	3	6

Solution Sudoku 282

6	3	8	5	7	9	2	4	1
9	2	7	4	1	8	6	3	5
5	4	1	6	2	3	8	9	7
7	9	6	2	8	1	4	5	3
1	5	2	3	6	4	9	7	8
4	8	3	7	9	5	1	2	6
2	6	9	1	5	7	3	8	4
8	7	4	9	3	6	5	1	2
3	1	5	8	4	2	7	6	9

Solution Sudoku 283

9	4	2	6	8	5	7	3	1
7	3	5	2	4	1	9	6	8
6	1	8	9	3	7	2	5	4
2	5	7	3	1	6	4	8	9
3	6	9	4	2	8	5	1	7
4	8	1	5	7	9	6	2	3
8	9	4	1	5	2	3	7	6
5	7	6	8	9	3	1	4	2
1	2	3	7	6	4	8	9	5

Solution Sudoku 284

6	2	1	3	8	9	7	5	4
8	4	7	2	5	1	6	3	9
5	9	3	7	6	4	2	8	1
7	8	2	6	9	3	1	4	5
1	6	9	5	4	2	8	7	3
3	5	4	1	7	8	9	2	6
9	1	5	4	2	7	3	6	8
4	7	8	9	3	6	5	1	2
2	3	6	8	1	5	4	9	7

Solution Sudoku 285

9	7	8	4	5	2	1	3	6
1	5	3	9	6	7	8	4	2
6	4	2	3	8	1	5	9	7
4	2	5	6	1	3	7	8	9
3	6	1	8	7	9	4	2	5
8	9	7	5	2	4	3	6	1
5	3	6	7	9	8	2	1	4
7	1	4	2	3	6	9	5	8
2	8	9	1	4	5	6	7	3

Solution Sudoku 286

4	9	6	2	7	1	8	3	5
7	2	5	8	6	3	4	1	9
8	3	1	5	4	9	2	7	6
3	8	9	7	2	4	5	6	1
1	5	2	3	8	6	9	4	7
6	7	4	9	1	5	3	2	8
5	1	3	4	9	7	6	8	2
2	4	7	6	5	8	1	9	3
9	6	8	1	3	2	7	5	4

Solution Sudoku 287

6	1	2	5	8	7	4	9	3
9	8	4	3	1	6	7	5	2
3	5	7	4	2	9	1	8	6
2	4	8	9	6	3	5	7	1
1	7	6	8	5	2	3	4	9
5	3	9	7	4	1	6	2	8
8	2	3	6	7	4	9	1	5
7	6	1	2	9	5	8	3	4
4	9	5	1	3	8	2	6	7

Solution Sudoku 288

5	1	7	8	2	3	6	9	4
3	9	2	1	4	6	7	8	5
6	8	4	7	5	9	1	2	3
2	7	1	5	9	4	3	6	8
4	6	9	2	3	8	5	7	1
8	3	5	6	7	1	2	4	9
9	2	8	3	1	7	4	5	6
7	4	3	9	6	5	8	1	2
1	5	6	4	8	2	9	3	7

Solution Sudoku 289

4	2	9	8	6	3	1	7	5
3	7	5	2	9	1	8	4	6
8	1	6	5	7	4	2	9	3
2	9	3	1	8	6	7	5	4
6	4	1	3	5	7	9	8	2
5	8	7	9	4	2	3	6	1
9	5	2	6	3	8	4	1	7
7	3	8	4	1	5	6	2	9
1	6	4	7	2	9	5	3	8

Solution Sudoku 290

5	7	4	6	8	9	3	2	1
3	8	2	7	1	5	9	4	6
6	1	9	2	3	4	5	8	7
9	3	5	8	6	7	2	1	4
7	2	8	9	4	1	6	5	3
4	6	1	5	2	3	8	7	9
1	5	6	3	7	2	4	9	8
2	4	3	1	9	8	7	6	5
8	9	7	4	5	6	1	3	2

Solution Sudoku 291

6	9	1	5	8	7	3	4	2
8	3	4	6	2	1	7	9	5
7	2	5	4	3	9	6	8	1
5	7	3	8	9	6	1	2	4
4	6	2	1	7	5	9	3	8
1	8	9	3	4	2	5	7	6
3	4	6	9	5	8	2	1	7
2	5	8	7	1	3	4	6	9
9	1	7	2	6	4	8	5	3

Solution Sudoku 292

8	6	7	3	5	2	9	1	4
5	9	2	6	4	1	8	3	7
1	3	4	7	8	9	2	6	5
7	2	8	4	1	5	3	9	6
3	1	9	8	7	6	4	5	2
6	4	5	2	9	3	7	8	1
2	5	1	9	3	4	6	7	8
4	7	3	5	6	8	1	2	9
9	8	6	1	2	7	5	4	3

Solution Sudoku 293

7	5	9	2	4	8	3	1	6
3	1	4	5	7	6	9	2	8
8	2	6	3	1	9	7	4	5
9	4	2	8	6	5	1	7	3
5	3	8	7	2	1	6	9	4
6	7	1	9	3	4	8	5	2
4	8	7	1	5	3	2	6	9
2	9	5	6	8	7	4	3	1
1	6	3	4	9	2	5	8	7

Solution Sudoku 294

6	5	1	4	8	3	7	2	9
3	4	7	2	1	9	6	5	8
9	2	8	5	6	7	1	3	4
4	6	5	7	3	2	9	8	1
2	1	3	8	9	6	4	7	5
7	8	9	1	5	4	2	6	3
5	7	4	9	2	8	3	1	6
1	9	6	3	7	5	8	4	2
8	3	2	6	4	1	5	9	7

Solution Sudoku 295

3	8	9	6	5	2	1	7	4
1	2	6	8	7	4	3	9	5
7	4	5	9	1	3	6	2	8
8	6	3	7	2	9	5	4	1
5	7	4	1	3	6	2	8	9
2	9	1	4	8	5	7	6	3
4	3	7	2	9	1	8	5	6
6	5	8	3	4	7	9	1	2
9	1	2	5	6	8	4	3	7

Solution Sudoku 296

7	5	9	4	3	1	2	6	8
4	1	6	7	2	8	9	5	3
8	3	2	9	5	6	7	4	1
1	2	8	3	6	5	4	9	7
9	4	5	2	1	7	8	3	6
3	6	7	8	4	9	5	1	2
2	8	4	1	9	3	6	7	5
5	9	1	6	7	2	3	8	4
6	7	3	5	8	4	1	2	9

Solution Sudoku 297

2	3	6	7	5	9	4	1	8
7	5	4	2	8	1	9	6	3
8	9	1	4	6	3	5	7	2
4	2	3	6	7	5	1	8	9
6	8	5	9	1	2	3	4	7
1	7	9	8	3	4	6	2	5
9	6	2	3	4	8	7	5	1
5	4	8	1	9	7	2	3	6
3	1	7	5	2	6	8	9	4

Solution Sudoku 298

6	5	9	4	7	2	8	1	3
8	1	4	3	9	6	7	2	5
7	3	2	8	1	5	4	9	6
4	6	7	9	5	3	2	8	1
5	9	1	2	4	8	3	6	7
3	2	8	7	6	1	5	4	9
2	8	5	1	3	9	6	7	4
9	7	6	5	8	4	1	3	2
1	4	3	6	2	7	9	5	8

Solution Sudoku 299

7	1	9	5	8	4	3	6	2
8	5	6	1	2	3	9	4	7
2	4	3	7	9	6	8	1	5
9	8	4	6	7	2	1	5	3
3	2	1	9	5	8	4	7	6
6	7	5	4	3	1	2	8	9
4	6	7	3	1	9	5	2	8
5	3	2	8	4	7	6	9	1
1	9	8	2	6	5	7	3	4

Solution Sudoku 300

6	5	8	4	3	1	7	2	9
1	9	7	2	8	6	3	4	5
4	3	2	5	7	9	1	6	8
2	6	9	8	5	7	4	1	3
8	4	3	1	9	2	6	5	7
7	1	5	3	6	4	9	8	2
9	8	4	6	2	3	5	7	1
3	2	1	7	4	5	8	9	6
5	7	6	9	1	8	2	3	4

www.ingramcontent.com/pod-product-compliance
Lightning Source LLC
Chambersburg PA
CBHW082213290526
45794CB00009B/3522

* 9 7 9 8 8 7 1 3 6 9 1 2 8 *